U0396324

土木工程实验系列教材

土木工程材料实验

主　编　杨医博　王绍怀　彭春元
　　　　张慧珍　王恒昌

华南理工大学出版社
SOUTH CHINA UNIVERSITY OF TECHNOLOGY PRESS
·广州·

内 容 简 介

　　本书主要介绍常用土木工程材料的实验方法和技术要求。全书分为 12 章,内容包括土木工程材料检测基本知识、水泥、砂、石、混凝土、建筑砂浆、砌体材料、钢筋、无机结合料稳定材料、沥青、沥青混合料设计性实验与综合性实验等。

　　本书可作为高等院校土木工程、水利水电工程和工程管理各专业的教学用书,也可作为土木、建筑类相关专业的教学用书,并可供从事土木工程科研、设计、施工、管理和监理人员参考。

图书在版编目(CIP)数据

　　土木工程材料实验/杨医博等主编. — 广州:华南理工大学出版社,2017.1 (2019.9 重印)
　　土木工程实验系列教材
　　ISBN 978 - 7 - 5623 - 5148 - 1

　　Ⅰ.①土…　Ⅱ.①杨…　Ⅲ.①土木工程-建筑材料-实验-高等学校-教材　Ⅳ.①TU502

　　中国版本图书馆 CIP 数据核字(2016)第 300026 号

土木工程材料实验

杨医博　王绍怀　彭春元　张慧珍　王恒昌　主编

出 版 人:卢家明
出版发行:华南理工大学出版社
　　　　　(广州五山华南理工大学 17 号楼　邮编:510640)
　　　　　http://www.scutpress.com.cn　E-mail:scutc13@ scut.edu.cn
　　　　　营销部电话:020 - 87113487　87111048(传真)
策划编辑:赖淑华
责任编辑:兰新文
印 刷 者:虎彩印艺股份有限公司
开　　本:787mm×1096mm　1/16　印张:10.25　字数:249 千
版　　次:2017 年 1 月第 1 版　2019 年 9 月第 3 次印刷
定　　价:19.80 元

土木工程实验系列教材
编辑委员会

前　言

近年来，土木工程材料标准有较多更新，为适应新的标准和规范，满足教学要求，特组织编写本实验教材。

本教材具有以下特点：

1. 根据高等学校土木工程专业委员会制定的"土木工程材料"的课程教学大纲，按照国家和行业最新标准、规范编写而成。

2. 从大土木的角度出发，兼顾土木工程、道路桥梁工程、水利水电工程、铁道工程、地下建筑工程、工程管理及建筑学等专业的要求编写，具有较宽的专业适用面。

3. 为配合开设设计性和综合性实验的需要，扩充了实验内容，增加了材料检测、测量不确定度、数据处理、设计性和综合性实验等内容。

本书由杨医博、王绍怀、彭春元、张慧珍、王恒昌担任主编，由杨医博统稿。参与编写的有华南理工大学杨医博（第一章、第十二章），广州大学彭春元（第二章、第三章、第四章），华南理工大学王恒昌（第五章、第六章、附录），广东工业大学张慧珍（第七章、第八章），华南理工大学王绍怀（第九章、第十章、第十一章）。

由于材料科学发展迅速，不同行业的技术标准也不统一，限于编者水平，书中如有疏漏和不妥之处，谨请广大师生和读者不吝指正。

编　者

2016 年 5 月

目 录

第1章 土木工程材料检测基本知识

1.1 检测机构

1.1.1 检测机构类别

检测机构：从事检测工作的实验室和检查机构。

根据检测机构的归属，将其分为第一方检测机构、第二方检测机构和第三方检测机构。

第一方检测机构：产品提供方的检测机构，通常为产品生产厂家的实验室，用于出具产品出厂检测报告。

第二方检测机构：产品使用方的检测机构，通常为施工单位的实验室，是企业内部质量安全保证体系的组成部分，可根据企业资质要求申请 ISO 9000 等质量安全体系认证和实验室认可，其出具的试验数据可作为工程质量安全的控制检验指标和工程竣工验收的依据，但必须有一定比例的试验委托第三方检测机构。

第三方检测机构：独立于产品生产方与使用方的检测机构，能独立承担第三方公正检验，具有资质的第三方检测机构出具的检验报告是工程竣工验收的依据。

1.1.2 检测机构资质

检测机构资质，是指向社会出具具有证明作用的数据和结果的实验室和检查机构应当具有的基本条件和能力。

中国合格评定国家认可委员会（CNAS）统一管理、监督和综合协调实验室和检查机构的资质认定工作。

各省、自治区、直辖市人民政府质量技术监督部门和各直属出入境检验检疫机构按照各自职责负责所辖区域内的实验室和检查机构的资质认定和监督检查工作。

资质认定的形式包括计量认证和审查认可。

1.1.2.1 计量认证与审查认可

计量认证证书：对向社会出具具有证明作用的数据和结果的实验室颁发，使用 CMA 标志。

审查认可证书：对向社会出具具有证明作用的数据和结果的检查机构颁发，使用 CMA 标志。

对产品设计、产品、服务、过程或工厂的核查，并确定其相对于特定要求的符合性，或在专业判断的基础上，确定相对于通用要求的符合性称为检查；从事检查活动的机构称为检查机构。

CMA 是 China Metrology Accredidation（中国计量认证）的缩写。取得计量认证合格证书的检测机构,可按证书上所批准列明的项目,在检测（检验、测试）证书及报告上使用 CMA 标志。经计量认证合格的检测机构出具的数据,用于贸易的出证、产品质量评价、成果鉴定,作为公证数据具有法律效力。

计量认证分两级实施。一级为国家级,由中国合格评定国家认可委员会组织实施;另一级为省级,由省级质量技术监督局负责组织实施,具体工作由计量认证办公室承办。不论是国家级还是省级,实施的效力均是完全一致的,不论是国家级还是省级认证,对通过认证的检测机构资质在全国范围内均有效,不存在办理部门不同而效力不同的差异。

审查认可由中国合格评定国家认可委员会组织实施。

1.1.2.2　验收与授权

验收证书:对质量技术监督系统质量（纤维）检验机构颁发,使用 CAL 标志。

授权证书:对国家认监委授权的国家产品质量监督检验中心、省级质量技术监督部门授权的产品质量监督检验站颁发,使用 CAL 标志。

CAL 是 China Accredited Laboratory（中国考核合格检验实验室）的缩写,是政府授权的质量监督机构。

1.1.2.3　国家实验室认可

国家实验室认可是与国外实验室认可制度相一致的,是自愿申请的能力认可活动。通过国家实验室认可的检测技术机构,证明其符合国际上通行的标准与检测实验室能力的通用要求。

国家实验室认可由中国合格评定国家认可委员会负责实施;对于符合认可准则的机构,授予 CNAS 认可资格、颁发 CNAS 认可证书。

1.2　委托检验

1.2.1　委托检验的程序

（1）委托方按照有关技术标准、规范的规定,从检测对象中抽取检测样品。

（2）委托方取样后将试样从取样现场送至检测机构。

（3）委托方确定检测项目并填写委托检验单,将样品交检测机构并支付相关检测费用。检测机构对样品进行检查,如样品符合检测要求,则接收样品并编号;如样品不符合检测要求,则请委托方重新取样送检。

（4）检测机构根据国家相关标准的规定对委托检测的样品进行检测,并根据检测结果出具检测报告,检测报告仅对送检的样品负责。

（5）委托方从检测单位领取检测报告。

1.2.2　委托检验的分类

根据委托检验的性质,可将其分为普通送检、见证取样送检和监督抽检三类。

1.2.2.1 普通送检

（1）由产品的卖方或者买方负责取样和送检。

（2）送检材料的代表性由委托方负责。

1.2.2.2 见证取样送检

（1）在见证人（通常由建筑单位或工程监理单位具备建筑施工检测知识的人员担任，并需取得工程质量监督机构颁发的见证员资格证）的见证下，由取样人（通常是施工企业的现场取样人员）对工程中涉及结构安全和重要使用功能的试块、试件和材料在现场取样，见证人和取样人一起将试样送至通过计量认证的检测机构进行检测。

（2）见证人制作见证记录，见证人和取样人对见证取样送检试样的代表性和真实性负责。

（3）由送检单位填写委托单，由见证人和送检人在委托单中"见证人"和"送检人"签名栏签字确认。

（4）检测机构在受理见证检测委托时，应对试样见证取样有效性进行确认（查验见证人资格证和见证记录并将复印件备案）。经确认后的见证检测项目，其检测报告除加盖计量认证章（CMA 章）和检测报告专用章外，还应加盖有"见证检验"印章，在检测报告的备注中注明见证单位及见证人姓名。

（5）水泥物理力学性能检验、钢筋（含焊接与机械连接）力学性能检验、砂石常规检验、混凝土强度检验、砂浆强度检验、简易土工试验、混凝土掺加剂检验、预应力钢绞线和锚夹具检验、沥青及沥青混合料检验等必须进行见证取样送检。

1.2.2.3 监督抽检

（1）建设工程质量监督机构在负责实施项目质量监督员的见证下，对进入施工现场的建筑材料、构配件或工程实体等，按照规定的比率进行取样送检或实地检测。

（2）检测机构在受理监督抽检委托时，应对试样监督抽查送检有效性进行确认，经确认后的检测项目，其检测报告除加盖计量认证章（CMA 章）和检测报告专用章外，还应加盖"监督抽检"印章。

（3）对实行见证取样送检的检测项目，有下列情形之一的，其工程质量应当由市建设工程质量监督站委派检测机构进行检测确定，检测费用由责任方承担：未按规定进行见证取样送检的；见证取样送检次数达不到要求的；检测不合格而需要进行结构检测的。

（4）监督抽检通常需在具有验收/授权资质的检测机构进行，检测报告还应加盖验收/授权章（CAL 章）。

1.3 不合格产品的处理方法

（1）如送检材料检测不合格，通常需根据相关标准进行复检，并根据复检结果确定产品是否合格。

（2）复检时通常需双倍取样，并送省级或省级以上国家认可的监督检测机构进行仲裁检验。

（3）委托方对检测机构出具的检测数据有异议时，可提请本行政区域的监督检测机构复检；对监督检测机构出具的检测数据有异议的，可提请上级监督检测机构再复检。

1.4 测量误差

1.4.1 误差的概念

测量的目的是为了得到被测物理量的客观真实数,也称真值。但由于受到测量方法、测量仪器、测量条件以及试验者水平等多种因素的限制,测量值与真值会存在一定的偏差,测量值与真值之差称为误差。

误差反映了测量值偏离真值的大小,也反映了测量值的离散程度。由于真值通常是未知的,因此误差一般也是一个未知量。对可以多次测量的物理量,可以用已修正过的算术平均值来代替被测量的真值。

1.4.2 绝对误差和相对误差

1.4.2.1 绝对误差

被测量的测量值与其真值之差定义为该量的绝对误差,绝对误差是有名数,即带有单位的数。绝对误差反映测量值偏离被测量真值的大小及方向,测量值与真值相差越大,绝对误差的绝对值也越大;绝对误差为正,说明测量值大于真值;绝对误差为负,说明测量值小于真值。绝对误差不足以说明测量的准确度,换句话说,它还不能给出实验准确与否的完整概念。

绝对误差的应用极广,常见的有三类绝对误差:

(1)测量误差,是测量结果与被测量的真值之间的差值。

(2)量具的示值误差,是量具的标称值(即名义值)和真值之间的差值。

(3)计量仪器(仪表)的示值误差,是计量仪器(仪表)的示值和真值之间的差值。

1.4.2.2 相对误差

测量的绝对误差与被测量的真值之比称为相对误差,通常用百分数表示。相对误差是一个比值,其数值与被测量所取单位无关,因而是一个无名数。

对同一被测量,相对误差愈大,则真值与测量值之间相差愈大,测量结果的准确度愈低。

1.4.3 误差的分类

从不同的角度出发,误差有不同的分类方法。从误差的来源及其对测量结果影响的性质来分,误差可分为系统误差、随机误差(或称偶然误差)和粗大误差(或称过失误差)。

1.4.3.1 系统误差

将在重复条件下对同一被测量进行无限多次测量结果的平均值减去被测量的真值称为系统误差。

在实验中要鉴别系统误差也是容易的,当发现观测值的误差总往一个方向偏,误差大小和符号在重复多次的测量中几乎相同,或误差呈现一定的规律等,这种误差就是系统误差。

由于系统误差的出现是有规律的,所以在大多数情况下,系统误差可以通过技术途径来消除或使之大为减弱。

系统误差产生的原因多种多样,仪器设备、测量原理和方法、外界环境以及测量人员的习惯等均可引起系统误差。例如电表读数中的零点不准所引起的误差、实验方法本身所引起的误差等都属于系统误差。

1.4.3.2 随机误差

测量结果减去在重复条件下对同一被测量进行无限多次测量结果的平均值称为随机误差。随机误差有时也称偶然误差,但并不是指误差只是偶然才出现,没有什么规律可循,"偶然"两字只是指误差的取值带有一定的偶然性。

随机误差是由各种因素(包括环境、仪器、实验者本人等)的起伏,即完全是由于某些难以控制的偶然因素所产生的综合影响而形成的。这些因素不可避免的起伏,使得重复测量时所得到的一系列实验数据彼此各不相同而产生误差,所以在实验时产生误差是必然的。但对某一具体的测量来讲,随机误差的大小与正负很难预计,只有在大量的重复测量时才符合一定的统计规律,可以用概率统计的方法来研究。研究随机误差就是为了了解实验数据的离散性或重复性问题,或者是研究实验数据的精密度问题。

随机误差在大量的重复测量中遵循一定的统计规律,但它所遵循的是哪一种统计规律要视具体情况而定。在做实验时,如已知要处理的数据是按某一特定的规律分布的,则就要按那种规律来处理;如不能肯定遵循某一种特定规律分布,而误差是由无数微小独立的因素综合影响而产生的,那么在重复测量次数较多时,随机误差将遵循正态分布(或高斯分布),这正是绝大多数实验过程中碰到的情况。

1.4.3.3 粗大误差

粗大误差是一种显然与事实不符的误差,是应力求避免的。

粗大误差主要是由于粗枝大叶、过度疲劳或操作不正确等因素引起的。此类误差,虽无规律可循,但只要在实验中多加警惕,细心操作,粗大误差是完全可以避免的,而系统误差与随机误差是难以避免甚至是不可避免的误差。

1.4.3.4 误差的鉴别方法

几种误差的鉴别方法见表 1-1。

表 1-1 误差的鉴别

分类	产生误差的原因	误差的鉴别
系统误差	仪器结构不良或周围环境的改变	观测值总往一个方向偏,或者是周期性地变化;误差的大小和符号在重复多次测量中几乎相同;经过校正和处理可以减小乃至消除的误差
随机误差	某些难以控制的偶然因素造成	随机误差变化无常,但在等精度测量下有如下规律:误差绝对值不会超过一定界限;绝对值小的误差比绝对值大的误差出现的次数多,趋近于零的误差出现的次数最多;绝对值相等的正误差与负误差出现的次数几乎相等;误差的算术平均值随着测量次数的增加而趋近于零
粗大误差	粗枝大叶造成的观测误差或计算误差	观察结果与事实不符 认真操作可以消除

1.4.4 修正值和偏差

1.4.4.1 修正值

修正值是以代数法相加于未修正的结果,以补偿假设的系统误差之值,它等于假设的系统误差的负值。系统误差是不可能完全准确知道的,只能用有限次测量的平均值减去被测量的真值得到当前条件下所识别的系统误差的估计值,补偿之后,在已修正结果中还存有系统误差,只不过其值已较小。

在量值溯源和量值传递中,常常采用这种加修正值的办法。用高一个等级的计量标准来校准或检定测量仪器,其主要内容就是获得准确的修正值。

1.4.4.2 偏差

一个值减去其参考值,称为偏差。这里的值是指测量得到的值,参考值是指设定值、应有值或标称值。

偏差与修正值相等,或与误差等值而反向。

偏差是相对于实际值而言,修正值与误差则相对于标称值而言,它们所指的对象不同。

1.5 测量不确定度

1.5.1 测量不确定度的定义与来源

表征合理地赋予被测量之值的分散性,与测量结果相联系的参数,称为测量不确定度。

不确定度是以误差理论为基础建立起来的一个新概念,表示由于测量误差的存在而对被测量值不能确定的程度,它以参数的形式包含在测量结果中,用以表征合理赋予被测量的值的分散性,表示被测量真值所处的量值范围的评定结果。

不确定度的大小,体现着测量质量的高低。不确定度小,表示测量数据集中,测量结果的可信程度高。不确定度大,表示测量数据分散,测量结果的可信程度低。一个完整的测量结果,不仅要给出测量值的大小,而且要给出测量不确定度,以表明测量结果的可信程度。测量不确定度是对测量结果质量的定量评定。

测量中可能导致不确定度的来源一般有如下几个方面。

(1) 被测量的定义不完整;

(2) 复现被测量的测量方法不理想;

(3) 取样的代表性不够,即被测样本不能代表所定义的被测量;

(4) 对测量过程受环境影响的认识不能恰如其分或对环境的测量与控制不完善;

(5) 对模拟式仪器的读数存在人为偏移;

(6) 测量仪器的计量性能(如灵敏度、鉴别力、分辨力、死区及稳定性等)的局限性;

(7) 测量标准或标准物质的不确定度;

（8）引用的数据或其他参量的不确定度；

（9）测量方法和测量程序的近似和假设；

（10）在相同条件下，被测量在重复观测中的变化。

1.5.2　测量不确定度的分类

测量结果的不确定度一般包含多个分量，按其数值评定方法的不同，把这些分量分成 A 类和 B 类。

A 类：用统计方法计算的分量，用标准偏差表征。

B 类：用其他方法计算的分量，用经验或资料及假设的概率分布估计的标准偏差表征。

不确定度的分类是按评定方法进行的，两类评定都基于概率分布，并且 A 类、B 类分量均以"标准差"的形式表示。用 A 类评定方法得到的标准不确定度称为 A 类标准不确定度分量，用 B 类评定方法得到的标准不确定度称为 B 类标准不确定度分量。A 类标准不确定度分量的全部集合称为 A 类不确定度，B 类标准不确定度分量的全部集合称为 B 类不确定度。

实际使用时，根据表示方式的不同，不确定度通常用到 3 种不同的术语：标准不确定度、合成不确定度和扩展不确定度。标准不确定度是指测量结果的不确定度用标准偏差表示。若测量结果是由若干个其他量计算得来的，则测量结果的标准不确定度受几个不确定度分量的影响，它由各分量的方差、协方差相加导出，得到合成"标准差"，即测量结果的标准不确定度由各不确定度分量运算得到，称为合成不确定度。扩展不确定度也叫总不确定度，是将合成不确定度乘以一个因子得到，所乘的因子称为包含因子或范围因子，通常取值在 2～3 之间。这是为了提高置信水平，增大包含概率，满足特殊用途，将合成标准不确定度扩大了 k 倍，得到测量结果附近的一个置信区间，被测量的值以较高的概率落在该区间内。用扩展不确定度时，必须注明所乘的因子和概率。

A 类、B 类不确定度与随机误差、系统误差之间不存在简单的对应关系。A 类和 B 类是表示两种不同的评定方法，随机和系统表示两种不同的性质，不能简单地把 A 类不确定度对应为随机误差，把 B 类不确定度对应为系统误差。A 类和 B 类不确定度都可能是随机误差，也都可能是系统误差。用不确定度表示的测量结果的质量指标往往是既包含了随机影响，又包含了系统影响。特别是在不同的情况下，随机误差和系统误差可能相互转化，难以严格区分，引起了混乱和不统一。不确定度用评定方法划分不同性质因素产生的影响，避免了不必要的混淆，从而建立了评定测量结果、进行计量对比、质量控制、校准检定、测试检验、物质鉴定等的统一标准。

1.5.3　测量不确定度与误差的区别

测量不确定度和误差既有联系又有区别，误差理论是测量不确定度的基础，测量不确定度是经典的误差理论发展和完善的产物。二者的区别主要表现在以下几个方面。

（1）不确定度是一个无正负符号的参数值，用标准偏差或标准偏差的倍数表示该参数的值。误差是一个有正号或负号的量值，其值为测量结果与被测量真值之差。

（2）不确定度表明被测量值的分散性,误差表明测量结果偏离真值的大小。

（3）不确定度与人们对被测量和影响量及测量过程的认识有关,误差是客观存在的,不以人的认识程度而改变。

（4）不确定度可以由人们根据实验、资料、经验等信息进行评定,从而可以定量确定不确定度的值;而由于真值往往未知,通常不能准确得到误差的值,当用约定真值代替真值时,可以得到误差的估计值。

（5）不确定度分量评定时,一般不必区分其性质,若需要区分时,应表述为"由随机影响引入的不确定度分量"和"由系统影响引入的不确定度分量"。误差按性质可分为随机误差和系统误差两类,按定义,随机误差和系统误差都是无穷多次测量时的理想概念。

（6）不能用不确定度对测量结果进行修正,已修正的测量结果的不确定度应考虑修正不完善引入的测量不确定度分量;已知系统误差的估计值时,可以对测量结果进行修正,得到已修正的测量结果。

1.6　数据处理

1.6.1　有效数字和数字修约

1.6.1.1　有效数字

有效数字即表示数字的有效意义,用于表示连续物理量的测量结果,指示测量中实际能测得的数字。一个由有效数字构成的数值,从最后一位算起的第二位以上的数字应该是可靠的,或者说是确定的,只有末位数字是可疑的,或者说是不确定的。所以说有效数字构成的数值是由全部确定数字和一位不确定数字构成的。

测量结果的记录、运算和报告必须注意有效数字。由有效数字构成的数值（如测量值）与通常数字的数值在概念上是不同的,例如34.5,34.50,34.500这3个数在数学上看作同一数值,但如用于表示测量值,则3个数值反映的测量结果的准确度是不同的。

数字"0",当它用于指示小数点的位置,而与测量的准确程度无关时,不是有效数字;当它用于表示与测量准确程度有关的数值大小时,则为有效数字,这与"0"在数值中的位置有关。第一个非零数字前的"0"不是有效数字,如0.039 8为三位有效数字;非零数字中的"0"是有效数字,如3.009 8为五位有效数字;小数中最后一个非零数字后的"0"是有效数字,如3.980 0为五位有效数字;以"0"结尾的整数,有效数字的位数难以判断,如398 00可能是三位、四位甚至是五位有效数字,在此情况下,应根据测量值的准确程度改写成指数形式,如3.98×10^4为三位有效数字。

记录和报告上的测量结果只应包含有效数字,对有效数字的位数不能任意增删。由有效数字构成的测量值必然是近似值。因此,测量值及其运算必须按近似计算规则进行。

1.6.1.2　数字修约

（1）可用指定数位（如指明数值修约到 n 位小数、个位数、十位数等）或指定将数值修约成 n 位有效数字的方法确定修约位数。

（2）修约规则。

① 在拟舍弃的数字中,若左边第一个数字小于 5(不包括 5),则舍去,即所拟保留的末位数字不变。如将 4.243 2 修约到一位小数时为 4.2。

② 在拟舍弃的数字中,当左边第一个数字大于 5(不包括 5),则进一,即所拟保留的末位数字加一。如将 6.484 3 修约到一位小数时为 6.5。

③ 在拟舍弃的数字中,若左边第一个数字等于 5 而其右边的数字并非全部为零,则进一,即所拟保留的末位数字加一。如将 1.050 1 修约到一位小数时为 1.1。

④ 在拟舍去的数字中,若左边第一个数字等于 5 而其右边数字皆为零,所拟保留的末位数字若为奇数则进一;若为偶数(包括"0")则不进。如将 0.350 0 修约到一位小数时为 0.4,将 1.050 0 修约到一位小数时为 1.0。

⑤ 负数修约时,先将它的绝对值按上述规则进行修约,然后在修约值前面加上负号。

⑥ 所拟舍弃的数字若为两位以上数字,不得连续多次修约,应根据所拟舍弃数字中左边第一个数字的大小,按上述规则一次修约出结果来。

⑦ 在具体实施中,有时测试与计算部门先将获得数值按指定的修约位数多一位或几位报出,而后由其他部门判定。为避免产生连续修约的错误,报出数值最右的非零数字为 5 时,应在数值后面加"(+)"或"(−)"或不加符号,以分别表明已进行过舍进或未舍未进;如果判定报出值需要进行修约,当拟舍弃数字的最左一位数字为 5 而后面无数字或皆为零时,数值后面有"(+)"号者进一,数值后面有"(−)"号者舍去,其他仍按上述规则进行。

1.6.2　计数及近似计算规则

1.6.2.1　记数规则

在测量结果的记录、运算和报告中,经常要记录数值,在记录这些数值时,应遵循以下几个规则。

(1) 记录测量数据时,只保留一位可疑(不确定)数字。

(2) 表示精密度时,通常只取一位有效数字,只有测量次数很多时,方可取两位数字,且最多只取两位。

(3) 在数值计算中,当有效数字位数确定之后,其余数字应按修约规则一律舍去。

(4) 在数值计算中,某些倍数、分数、不连续物理量的数值,以及不经测量而完全根据理论计算或定义得到的数值,其有效数字的位数可视为无限。这类数值在计算中需要几位就可以写几位。如数学中的常数 π,e,1 m = 100 cm 中的 100 等。

(5) 测量结果的有效数字所能达到的最后一位应与误差处于同一位上,重要的测量结果可多记一位估读数。

1.6.2.2　近似计算规则

(1) 加法和减法。几个近似值相加减时,所得和或差的有效数字取决于绝对误差最大的数值,最后结果的有效数字自左起不超过参加计算的近似值中出现的最大可疑数值。如在小数的加减计算中,各项所保留的小数点后的位数与各近似值中小数点位数最少者多保留一位,而计算结果所保留的小数点后的位数与各近似值中位数最少者相同。

例如,508.4 − 438.68 + 13.046 − 6.054 8 ≈ 508.4 − 438.68 + 13.05 − 6.05 = 76.72。

最后计算结果只保留一位小数,为 76.7。若尚需参与下一步计算,则取 76.72。

(2)乘法和除法。近似值相乘除时,所得积或商的有效数字位数取决于相对误差最大的近似值,即最后结果的有效数字位数要与各近似值中有效数字最少者相同。在实际计算中,先将各近似值修约至比有效数字位数最少者多保留一位有效数字,再将计算结果按上述规则处理。

例如,$0.0676 \times 70.19 \times 6.05237 \approx 0.0676 \times 70.19 \times 6.052 = 28.7158$。最后的计算结果用三位有效数字表示为 28.7。

对于第一位是 8 或 9 的近似值,在乘除计算中有效数字的位数可多计一位。

例如,0.983 可视为四位有效数字,80.44 可视为五位有效数字。

(3)乘方和开方。近似值乘方或开方时,原近似值有几位有效数字,计算结果就可以保留几位有效数字。例如 $6.54^2 = 42.7716$,保留三位有效数字则为 42.8。

(4)对数和反对数。在近似值的对数和反对数计算中,所取对数的小数点后的位数(不包括首位)应与真数的有效数字位数相同。

例如,$[H^+]$ 为 7.98×10^{-2} mol/L 溶液的 pH 值 $= -\lg[H^+] = -\lg(7.98 \times 10^{-2}) \approx 1.098$;pH 值为 3.20 溶液的 $[H^+] = 6.3 \times 10^{-4}$ mol/L。

(5)求 4 个或 4 个以上准确度接近的近似值的平均值时,其位数可增加一位。

(6)有些数据需经过多次运算的,在每一步计算过程中对中间结果不做修约,但最后结果需按上述规则修约到要求的位数。

第2章　水泥试验

水泥试验包括不溶物、烧失量、氧化镁、三氧化硫、氯离子、碱、细度、标准稠度用水量、凝结时间、安定性、压蒸安定性以及强度试验。本章仅介绍密度、细度、标准稠度用水量、凝结时间、安定性和胶砂强度等6项试验。

2.1　相关标准

GB 175—2007　通用硅酸盐水泥

GB/T 208—2014　水泥密度测定方法

GB/T 1345—2005　水泥细度检验方法　筛析法

GB/T 1346—2011　水泥标准稠度用水量、凝结时间、安定性检验方法

GB/T 8074—2008　水泥比表面积测定方法（勃氏法）

GB/T 12573—2008　水泥取样方法

GB/T 17671—1999　水泥胶砂强度检验方法（ISO法）

2.2　编号与取样

水泥出厂前按同品种、同强度等级编号和取样,袋装水泥和散装水泥应分别进行编号和取样。

2.2.1　编号

水泥出厂编号按水泥厂年生产能力规定:

200万t以上,不超过4 000 t为一编号;

120万t～200万t,不超过2 400 t为一编号;

60万t～120万t,不超过1 000 t为一编号;

30万t～60万t,不超过600 t为一编号;

10万t～30万t,不超过400 t为一编号;

10万t以下,不超过200 t为一编号。

当散装水泥运输工具的容量超过该厂规定出厂编号吨数时,允许该编号的数量超过取样规定吨数。

2.2.2 取样

水泥出厂前每编号为一取样单位。

水泥进场时,按同一生产厂家、同一等级、同一品种、同一批号且连续进场的水泥,袋装不超过200 t为一批,散装不超过500 t为一批,每批抽样不少于一次。

取样应有代表性,可连续取,亦可从20个以上不同部位取等量样品,总量至少12 kg。

对于袋装水泥,应采取图2-1所示取样器取样,每一个编号内随机抽取不少于20袋,采用袋装水泥取样器取样,将取样器沿对角线方向插入水泥包装袋中,用大拇指按住气孔,小心抽出取样管,将所取样品放入洁净、干燥、防潮、密闭、不易破损并且不影响水泥性能的容器中。每次抽取的单样量应尽量一致。

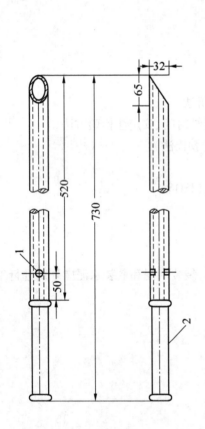
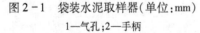

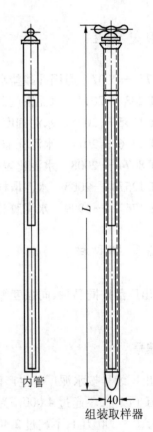

图2-1 袋装水泥取样器(单位:mm)
1—气孔;2—手柄

图2-2 散装水泥取样器(单位:mm)
$L = 1\,000 \sim 2\,000$ mm

对于散装水泥,当所取水泥深度不超过2 m时,应采用如图2-2所示的槽形管状取样器取样。通过转动取样器内管控制开关,在适当位置插入水泥一定深度,关闭后小心抽出。将所取样品放入洁净、干燥、防潮、密闭、不易破损并且不影响水泥性能的容器中。

样品缩分可采用二分器,一次或多次将样品缩分到标准要求的规定量。将每一编号所取水泥混合样通过 0.9 mm 方孔筛,均分为试验样和封存样。

　　样品取得后应存放在密封的金属容器中,加封条。容器应洁净、干燥、防潮、密闭、不易破损并且不影响水泥性能。

　　存放样品的容器应至少在一处加盖清晰、不易擦掉的标有编号、取样时间、地点、人员的密封印。

　　封存样品应密封保管 3 个月,封存样品应贮存于干燥、通风的环境中。试验样品亦应妥善保管。

2.3　密度试验

2.3.1　适用范围

适用于测定水泥的密度,也适用于指定采用本方法的其他粉体物料密度的测定。

2.3.2　试验原理

将一定质量的水泥倒入装有足够量液体介质的李氏瓶内,液体的体积应可以充分浸润水泥颗粒。根据阿基米德定律,水泥颗粒的体积等于它所排开的液体体积,从而算出水泥单位体积的质量即为密度。试验中,液体介质采用无水煤油或不与水泥发生反应的其他液体。

2.3.3　主要仪器设备

　　(1)李氏瓶:李氏瓶由优质玻璃制成,透明无条纹,具有抗化学侵蚀性且热滞后性小,要有足够的厚度以确保良好的耐裂性,外形如图 2-3 所示。

　　瓶颈刻度由 0 ~ 1 mL 和 18 ~ 24 mL 两段刻度组成,且 0 ~ 1 mL 和 18 ~ 24 mL 以 0.1 mL 为分度值,任何标明的容量误差都不大于 0.05 mL。

　　(2)恒温水槽:应有足够大的容积,使水温可以稳定控制在(20 ± 1)℃。

　　(3)天平:量程不小于 100 g,分度值不大于 0.01 g。

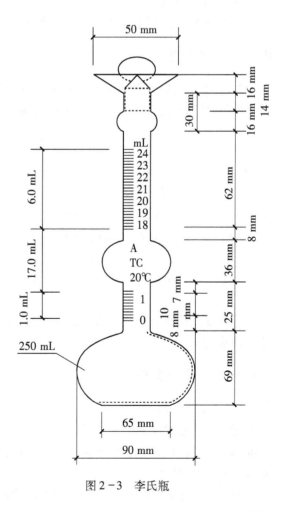

图 2-3　李氏瓶

13

（4）温度计：量程50 ℃，分度值不大于0.1 ℃。

2.3.4 试验步骤

（1）水泥试样应预先通过0.90 mm方孔筛，在(110±5) ℃温度下烘干1 h，并在干燥器内冷却至室温（室温应控制在(20±1) ℃）。

（2）称取水泥60 g，精确至0.01 g。在测试其他材料密度时，可按实际情况增减称量材料质量，以便读取刻度值。

（3）将无水煤油注入李氏瓶中至"0 mL"到"1 mL"之间刻度线后（选用磁力搅拌此时应加入磁力棒），盖上瓶塞放入恒温水槽内，使刻度部分浸入水中（水温应控制在20 ℃±1 ℃），恒温至少30 min，记下无水煤油的初始（第一次）读数(V_1)。

（4）从恒温水槽中取出李氏瓶，用滤纸将李氏瓶细长颈内没有煤油的部分仔细擦干净。

（5）用小匙将水泥样品一点点地装入李氏瓶中，反复摇动（亦可用超声波震动或磁力搅拌等），直至没有气泡排出，再次将李氏瓶置于恒温水槽，使刻度部分浸入水中，恒温至少30 min，记下第二次读数(V_2)。

（6）在第一次读数和第二次读数时，恒温水槽的温度差不大于0.2 ℃。

2.3.5 结果计算

水泥密度ρ按式(2−1)计算，结果精确至0.01 g/m³，试验结果取两次测定结果的算术平均值，两次测定结果之差不大于0.02 g/m³。

$$\rho = \frac{m}{V_2 - V_1} \tag{2−1}$$

式中　ρ——水泥密度，g/m³；

m——水泥质量，g；

V_2——李氏瓶第二次读数，mL；

V_1——李氏瓶第一次读数，mL。

2.4 细度试验

水泥细度试验有比表面积法和筛析法。比表面积法适合于硅酸盐水泥，筛析法适合于其他水泥。

2.4.1 比表面积法试验

2.4.1.1 适用范围

适用于测定水泥的比表面积以及适合采用本标准方法的、比表面积在2000 cm²/g到6000 cm²/g范围的其他各种粉状物料，不适用于测定多孔材料及超细粉状物料。

2.4.1.2 试验原理

本方法采用Blaine透气仪来测定水泥的细度，主要根据一定量的空气通过具有一定空隙率和固定厚度的水泥层时,所受阻力不同而引起气流速度的变化来测定水泥的比表面积。在一定空隙率的水泥层中,空隙的大小和数量是颗粒尺寸的函数,同时也决定了通过料层的气流速度。

2.4.1.3　主要仪器设备

（1）Blaine 透气仪:如图 2 - 4 和图 2 - 5 所示,由透气圆筒、压力计、抽气装置等三部分组成。

① 透气圆筒,由不锈钢制成,圆筒的上口边应与圆筒主轴垂直,圆筒下部锥度应与压力计上玻璃磨口锥度一致,两者应严密连接。在圆筒内壁,距离圆筒上口边（55 ± 10）mm 处有一突出宽度为 0.5 ～ 1 mm 的边缘,以放置金属穿孔板。

穿孔板,由不锈钢或其他不受腐蚀的金属制成,厚度为 0.1 ～ 1.0 mm。在其面上,等距离地打有 35 个直径 1 mm 的小孔,穿孔板应与圆筒内壁密合。

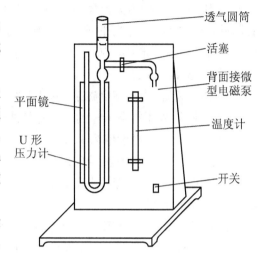

图 2 - 4　Blaine 透气仪示意图

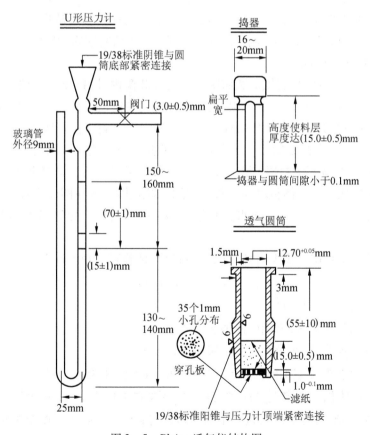

图 2 - 5　Blaine 透气仪结构图

15

捣器,由不锈钢制成,插入圆筒时,其间隙不大于 0.1 mm。捣器的底面应与主轴垂直,侧面有一个扁平槽,宽度(3.0±0.3) mm。捣器的顶部有一个支持环,当捣器放入圆筒时,支持环与圆筒上口边接触,这时捣器底面与穿孔板之间的距离为(15.0±0.5) mm。

② 压力计,U 形压力计尺寸如图 2-5 所示,由外径为 9 mm 的具有标准厚度的玻璃管制成。压力计的一个臂的顶端有一锥形磨口与透气圆筒紧密连接;在连接透气圆筒的压力计臂上刻有环形线。从压力计底部往上 280~300 mm 处有一个出口管,管上装有一个阀门,连接抽气装置。

③ 抽气装置,用小型电磁泵,也可用抽气球。

(2) 滤纸:采用符合国标的中速定量滤纸。

(3) 分析天平:分度值为 1 mg。

(4) 计时秒表:精确读到 0.5 s。

(5) 烘干箱:控制温度灵敏度 ±1 ℃。

2.4.1.4　其他材料

(1) 压力计液体:采用带有颜色的蒸馏水或直接采用无色蒸馏水。

(2) 基准材料:采用中国水泥质量监督检验中心制备的标准试样。

2.4.1.5　仪器校准

(1) 漏气检查。

将透气圆筒上口用橡皮塞塞紧,接到压力计上。用抽气装置从压力计一臂中抽出部分气体;然后关闭阀门,观察是否漏气。如发现漏气,用活塞油脂加以密封。

(2) 试料层体积的测定。

用水银排代法:将两片滤纸沿圆筒壁放入透气圆筒内,用捣棒往下按,直到滤纸平整放在金属的穿孔板上。然后装满水银,用一小块薄玻璃板轻压水银表面,使水银面与圆筒口平齐,并须保证在玻璃板和水银表面之间没有气泡或空洞存在。从圆筒中倒出水银,称量,精确至 0.05 g。重复几次测定,到数值基本不变为止。然后从圆筒中取出一片滤纸,用约 3.3 g 的水泥,按照试料层制备法要求压实水泥层(注意:应制备坚实的水泥层。如太松或水泥不能压到要求体积时,应调整水泥的试用量)。再在圆筒上部空间注入水银,同上述方法除去气泡、压平、倒出水银称量,重复几次,直到水银称量值相差小于 50 mg 为止。

(3) 圆筒内试料层体积 V 可按式(2-2)计算,精确到 0.005 cm^3。

$$V = (m_1 - m_2)/\rho_{Hg} \tag{2-2}$$

式中　V——试料层体积,cm^3;

m_1——未装水泥时,充满圆筒的水银质量,g;

m_2——装水泥后,充满圆筒的水银质量,g;

ρ_{Hg}——试验温度下水银的密度,g/cm^3(20℃时为 13.55 g/cm^3)。

(4) 试料层体积的测定至少应进行两次,每次应单独压实,取两次数值相差不超过 0.005 cm^3 的平均值,并记录测定过程中圆筒附近的温度。每隔一季度至半年应重新校正试料层体积。

2.4.1.6　试验步骤

(1)试样准备。

将(110 ± 5)℃下烘干并在干燥器中冷却至室温的标准试样,倒入 100 mL 的密闭瓶内,用力晃动 2 min,将结块成团的试样振碎,使试样松散。静置 2 min 后,打开瓶盖,轻轻搅拌,使在松散过程中落到表面的细粉分布到整个试样中。

水泥试样应先通过 0.9 mm 方孔筛,再在(110 ± 5)℃下烘干,并在干燥器中冷却至室温。

(2)确定试样量。

校正试验用的标准试样量和被测定水泥的质量,应达到在制备的试料层中空隙率为 0.500 ± 0.005,计算式为式(2 - 3):

$$m = \rho V(1 - \varepsilon) \qquad (2 - 3)$$

式中　　m——需要的试样质量,g;

ρ——试样密度,g/cm³;

V——测定的试料层体积,cm³;

ε——试料层中的空隙率。

ε 是指试料层中孔的容积与试料层总的容积之比,P·Ⅰ、P·Ⅱ型水泥的空隙率采用 0.500 ± 0.005,其他水泥或粉料的空隙率选用 0.530 ± 0.005。如有些粉料按式(2 - 3)算出的试样在圆筒的有效体积中容纳不下或经捣实后未能充满圆筒的有效体积,则允许适当地改变空隙率。空隙率的调整以 2000 g 砝码(5 等砝码)将试样压实至要求规定的位置为准。

(3)试料层制备。

将穿孔板放入透气圆筒的突缘上,用捣棒把一片滤纸送到穿孔板上,边缘放平并压紧。称取确定的水泥量,精确到 0.001 g,倒入圆筒。轻敲圆筒的边,使水泥层表面平坦。再放入一片滤纸,用捣器均匀捣实试料直至捣器的支持环紧紧接触圆筒顶边并旋转 1 ～ 2 周,慢慢取出捣器。

注意:穿孔板上的滤纸为 φ12.7 mm 边缘光滑的圆形滤纸片,每次测定需用新的滤纸片。

(4)透气试验。

把装有试料层的透气圆筒连接到压力计上,要保证紧密连接不致漏气,并不振动所制备的试料层。

注意:为避免漏气,可先在圆筒下锥面涂一薄层活塞油脂,然后把它插入压力计顶端锥形磨口处,旋转 1 ～ 2 周。

打开微型电磁泵慢慢从压力计一臂中抽出空气,直到压力计内液面上升到扩大部下端时关闭阀门。当压力计内液体的凹月面下降到第一条刻度线时开始计时,当液体的凹月面下降到第二条刻度线时停止计时,记录液面从第一条刻度线到第二条刻度线所需的时间。以秒记录,并记下试验时的温度(℃)。每次透气试验,应重新制备试料层。

2.4.1.7　结果计算

(1)当被测物料的密度、试料层中空隙率与标准样品相同,试验时温差小于等于 3 ℃时,可按式(2 - 4)计算:

$$S = \frac{S_s \sqrt{T}}{\sqrt{T_s}} \tag{2-4}$$

如试验时温差大于 3 ℃时,则按式(2-5)计算:

$$S = \frac{S_s \sqrt{T} \sqrt{\eta_s}}{\sqrt{T_s} \sqrt{\eta}} \tag{2-5}$$

式中　S——被测试样的比表面积,cm^2/g;

　　　S_s——标准样品的比表面积,cm^2/g;

　　　T——被测试样试验时,压力计中液面降落测得的时间,s;

　　　T_s——标准样品试验时,压力计中液面降落测得的时间,s;

　　　η——被测试样试验温度下的空气黏度,$Pa \cdot s$;

　　　η_s——标准样品试验温度下的空气黏度,$Pa \cdot s$。

（2）当被测试样的试料层中空隙率与标准样品试料层中空隙率不同,试验时温差小于等于 3 ℃时,可按式(2-6)计算:

$$S = \frac{S_s \sqrt{T}(1-\varepsilon_s) \sqrt{\varepsilon^3}}{\sqrt{T_s}(1-\varepsilon) \sqrt{\varepsilon_s^3}} \tag{2-6}$$

如试验时温差大于3℃时,则按式(2-7)计算:

$$S = \frac{S_s \sqrt{T}(1-\varepsilon_s) \sqrt{\varepsilon^3} \sqrt{\eta_s}}{\sqrt{T_s}(1-\varepsilon) \sqrt{\varepsilon_s^3} \sqrt{\eta}} \tag{2-7}$$

式中　ε——被测试样试料层中的空隙率;

　　　ε_s——标准样品试料层中的空隙率。

（3）当被测试样的密度和空隙率均与标准样品不同,试验时温差小于等于3℃时,可按式(2-8)计算:

$$S = \frac{S_s \sqrt{T}(1-\varepsilon_s) \sqrt{\varepsilon^3} \rho_s}{\sqrt{T_s}(1-\varepsilon) \sqrt{\varepsilon_s^3} \rho} \tag{2-8}$$

如试验时温差大于 3 ℃时,则按式(2-9)计算:

$$S = \frac{S_s \sqrt{T}(1-\varepsilon_s) \sqrt{\varepsilon^3} \rho_s \sqrt{\eta_s}}{\sqrt{T_s}(1-\varepsilon) \sqrt{\varepsilon_s^3} \rho \sqrt{\eta}} \tag{2-9}$$

式中　ρ——被测试样的密度,g/cm^3;

　　　ρ_s——标准样品的密度,g/cm^3。

（4）水泥比表面积应由二次透气试验结果的平均值确定,计算应精确至 $10\ cm^2/g$,$10\ cm^2/g$ 以下的数值按四舍五入计。如二次试验结果相差 2% 以上时,应重新试验。

（5）比表面积值由 cm^2/g 换算为 m^2/kg 时,需乘以系数 0.1。

2.4.2　筛析法试验

水泥细度试验的筛析法试验包括负压筛析法、水筛法和手工筛析法,当负压筛析法、水筛法和手工筛析法测定的结果发生争议时,以负压筛析法为准。

2.4.2.1　适用范围

适用于硅酸盐水泥、普通硅酸盐水泥、矿渣硅酸盐水泥、火山灰质硅酸盐水泥、粉煤灰硅酸盐水泥、复合硅酸盐水泥以及指定采用本标准的其他品种水泥和粉状物料。

2.4.2.2　试验原理

采用 45 μm 方孔筛和 80 μm 方孔筛对水泥试样进行筛析试验,用筛上筛余物的质量百分数来表示水泥样品的细度。

为保持筛孔的标准度,在用试验筛时应用已知筛余的标准样品来标定。

2.4.2.3　主要仪器设备

(1)试验筛:试验筛由圆形筛框和筛网组成。负压筛筛框高度为 50 mm,筛子的上口直径为 150 mm;负压筛应附有透明筛盖,筛盖与筛上口应有良好的密封性。

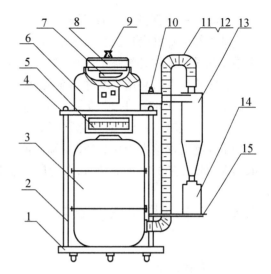

图 2-6　负压筛析仪结构图

1—底座;2—立柱;3—吸尘器;4—面板;5—真空负压表;6—筛析仪;7—喷嘴;8—试验筛;9—筛盖;10—气压接头;11—吸尘软管;12—气压调节阀;13—收尘筒;14—收集容器;15—托座

(2)负压筛析仪:负压筛析仪由筛座、负压筛、负压源及收尘器组成,其中筛座由转速为(30±2) r/min 的喷气嘴、负压表、控制板、微电机及壳体构成,负压筛析仪结构图如图 2-6 所示。筛析仪负压为 4 000～6 000 Pa,喷气嘴的上口平面与筛网之间距离为 2～8 mm。负压源和收尘器,由功率大于 600 W 的工业吸尘器和小型旋风收尘筒组成或用其他具有相当功能的设备。

(3)天平:分度值不大于 0.01 g。

2.4.2.4　试验步骤

试验前所用试验筛应保持清洁,负压筛应保持干燥。试验时,80 μm 筛析试验称取试样 25 g, 45 μm 筛析试验称取试样 10 g。

负压筛析法。筛析试验前应把负压筛放在筛座上,盖上筛盖,接通电源,检查控制系统,调节负压至 4 000～6 000 Pa 范围内。

称取试样精确至 0.01 g,置于洁净的负压筛中,放在筛座上,盖上筛盖,接通电源,开动筛析仪连续筛析 2 min,在此期间如有试样附着在筛盖上,可轻轻地敲击筛盖使试样落下。

筛毕,用天平称量全部筛余物。

2.4.2.5　结果计算

水泥试样筛余百分数按式(2-10)计算(结果精确到 0.1%)。

$$F = \frac{m_2}{m_1} \times 100\% \qquad (2-10)$$

式中　F——水泥试样的筛余百分数,%;

m_2——水泥筛余物的质量,g;

m_1——水泥试样的质量,g。

试验筛的筛网会在试验中磨损,因此筛析结果应进行修正。修正的方法是将试验结果乘以该试验筛的有效修正系数,即为最终结果。

有效修正系数是用标准样品在试验筛上的测定值与标准样品的标准值的比值。当有效修正系数在0.80~1.20范围内时试验筛可继续使用,否则试验筛应予淘汰。

合格评定时,每个样品应称取两个试样分别筛析,取筛余平均值为筛析结果。若两次筛余结果绝对误差大于0.5%时(筛余值大于5.0%时可放至1.0%)应再做一次试验,取两次相近结果的算术平均值,作为最终结果。

2.5 标准稠度用水量试验

2.5.1 试验目的

水泥的凝结时间和体积安定性都与用水量有很大关系。为消除试验条件带来的差异,测定凝结时间和体积安定性时,必须采用具有标准稠度的净浆。本试验的目的就是测定水泥净浆达到标准稠度时的用水量,为测定水泥的凝结时间和体积安定性做准备。

2.5.2 试验原理

水泥标准稠度净浆对标准试杆(或试锥)的沉入具有一定阻力。通过试验不同含水量水泥净浆的穿透性,以确定水泥标准稠度净浆中所需加入的水量。

2.5.3 主要仪器设备

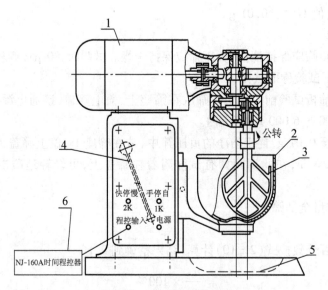

图 2-7 水泥净浆搅拌机

1—电机;2—搅拌锅;3—搅拌叶;4—手柄;5—底座;6—控制器

(1)水泥净浆搅拌机:主要由搅拌锅、搅拌叶片、传动机构和控制系统组成,见图2-7。

搅拌叶片在搅拌锅内做旋转方向相反的公转和自转，并可在竖直方向调节。搅拌锅可以升降，传动机构保证搅拌叶片按规定的方向和速度运转，控制系统具有按程序自动控制与手动控制两种功能。搅拌机拌和一次的自动控制程序：慢速（120 ± 3）s，停拌 15 s，快速（120 ± 3）s。

（2）水泥净浆标准稠度与凝结时间测定仪：也称维卡仪，如图 2 − 8 所示。按不同试验方法采用不同的配件，其中标准法使用试杆（有效长度为（50 ± 1）mm，直径 ϕ（10 ± 0.05）mm）和截顶圆锥体试模（深度为（40 ± 0.2）mm，顶内径 ϕ（65 ± 0.5）mm，底内径 ϕ（75 ± 0.5）mm），每个试模应配备 1 个边长或直径约为 100 mm，厚度 4 ～ 5 mm 的平板玻璃底板或金属底板；代用法使用试锥（高度 50 mm）和锥模（高度 75 mm）。

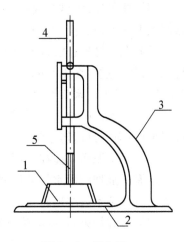

图 2 − 8　维卡仪
1—试件；2—玻璃板；3—支架；
4—滑动杆；5—试杆

（3）量水器：最小刻度 0.1 mL，精度 ± 0.5 mL。

（4）天平：分度值不大于 1 g。

2.5.4　试验材料

试验用水必须是洁净的饮用水，如有争议时应以蒸馏水为准。

2.5.5　试验条件

试验室温度为（20 ± 2）℃，相对湿度应不低于 50%；水泥试样、拌和水、仪器和用具的温度应与试验室一致。

2.5.6　试验步骤

试验方法分标准法和代用法，其中代用法又分为固定用水量法和调整用水量法。

2.5.6.1　标准法试验步骤

（1）试验前必须做到：维卡仪的金属棒能自由滑动；调整至试杆接触玻璃板时，指针对准零点；搅拌机运转正常。

（2）用水泥净浆搅拌机搅拌水泥净浆。搅拌锅和搅拌叶片先用湿布擦过，将拌和水倒入搅拌锅内，然后在 5 ～ 10 s 内小心将称好的 500 g 水泥加入水中，防止水和水泥溅出；拌和时，先将锅放在搅拌机的锅座上，升至搅拌位置，启动搅拌机，低速搅拌 120 s，停 15 s，同时将叶片和锅壁上的水泥浆刮入锅中间，接着高速搅拌 120 s，停机。

（3）拌和结束后，立即取适量水泥净浆一次性将其装入已置于玻璃底板上的试模中，浆体超过试模上段，用宽约 25 mm 的直边刀轻轻拍打超出试模部分的浆体 5 次以排除浆体中的孔隙，然后在试模上表面的 1/3 处，略倾斜于试模分别向外轻轻锯掉多余浆体，再从试模边沿轻抹顶部一次，使净浆表面光滑。

（4）抹平后，将试模放到维卡仪上，并将中心定在试杆下，降低试杆至与水泥接触，拧紧螺丝 1～2 s 后，突然放松，使试杆自由地沉入水泥浆中。

（5）在试杆停止沉入或释放试杆 30 s 时记录试杆与底板的距离。升起试杆后，将试杆擦净，整个过程在 1.5 min 内完成。

2.5.6.2　代用法试验步骤

（1）试验前必须做到：仪器金属棒应能自由滑动；试锥降至顶面位置时，指针应对准标尺零点；搅拌机运转正常。

（2）用水泥净浆搅拌机搅拌水泥净浆。水泥净浆的拌制过程同标准法。采用代用法测定水泥标准稠度用水量可用调整水量和不变水量两种方法的任一种测定。采用调整水量方法时拌和水量按经验找水，采用不变水量方法时拌和水量为 142.5 mL。

（3）拌和结束后，立即将拌制好的水泥净浆装入锥模中，用宽约 25 mm 的直边刀在浆体表面轻轻插捣 5 次，再轻振 5 次，刮去多余的净浆。

（4）抹平后迅速放到试锥下面固定的位置上，将试锥降至净浆表面，拧紧螺丝 1～2 s 后，突然放松，让试锥垂直自由地沉入水泥净浆中。

（5）试锥停止下沉或释放试锥 30 s 时记录试锥下沉深度。整个操作应在搅拌后 1.5 min 内完成。

2.5.7　结果计算

（1）标准法结果计算。

试杆沉入净浆与底板距（6±1）mm 的水泥净浆为标准稠度净浆。其拌和用水量为该水泥标准稠度用水量 P，按水泥质量的百分比计，按式（2-11）计算。

$$P = \frac{W}{500} \times 100 \qquad (2-11)$$

式中　W——拌和用水量，mL。

（2）代用法——调整用水量法结果计算。

以试锥下沉的深度为（30±1）mm 时的净浆为标准稠度净浆。其拌和水量为该水泥的标准稠度用水量 P，以水泥质量的百分比计。如下沉深度超出范围，需另称试样，调整水量，重新试验，直至达到（30±1）mm 时为止。

（3）代用法——固定用水量法结果计算。

根据测得试锥下沉的深度 h（mm）按式（2-12）（或仪器上对应标尺）计算得到标准稠度用水量 P（%）：

$$P = 33.4 - 0.185h \qquad (2-12)$$

式中　h——试锥下沉的深度，mm，精确至 0.5 mm。

当试锥下沉深度小于 13 mm 时，应用调整用水量法。

当标准法和代用法结果有矛盾时，以标准法为准。

2.6　凝结时间试验

2.6.1　试验目的

测定水泥的凝结时间,判断水泥的质量。

2.6.2　试验原理

凝结时间用试针沉入水泥标准稠度净浆至一定深度所需的时间表示。

2.6.3　主要仪器设备

(1)水泥净浆搅拌机。

(2)水泥净浆标准稠度与凝结时间测定仪。测定凝结时间时用试针代替试杆。试针由钢制成直径为 $\phi(10 \pm 0.05)$ mm,初凝试针有效长度为 (50 ± 1) mm;终凝试针有效长度为 (30 ± 1) mm,在终凝试针上安装有一个环形附件,见图 2-9。

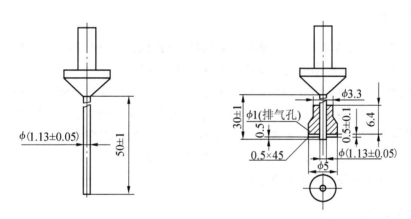

图 2-9　凝结时间试验用试针(单位:mm)

(3)湿气养护箱。

2.6.4　试验材料

试验用水必须是洁净的饮用水,如有争议时应以蒸馏水为准。

2.6.5　试验条件

试验室温度为 (20 ± 2) ℃,相对湿度应不低于50%;水泥试样、拌和水、仪器和用具的温度应与试验室一致。

湿气养护箱的温度为 (20 ± 1) ℃,相对湿度不低于90%。

2.6.6　试验步骤

（1）测定前准备工作：调整凝结时间测定仪的试针接触玻璃板时，指针对准零点。

（2）试件的制备：称取水泥试样 500g，以标准稠度用水量按 2.5 节制成标准稠度净浆，一次装满试模，振动数次刮平，立即放入湿气养护箱中。记录水泥全部加入水中的时间作为凝结时间的起始时间。

（3）试样在湿气养护箱中养护至加水后 30 min 时进行第一次测定。测定时，从湿气养护箱中取出圆模放到试针下，使试针与圆模接触，拧紧螺丝 1～2 s 后放松，试针垂直自由沉入净浆，观察试针停止下沉或释放试针 30 s 时指针的读数。临近初凝时间时每隔 5 min（或更短时间）测定一次，当试针沉至距底板（4±1）mm 时，即为水泥达到初凝状态。

（4）在完成初凝时间测定后，立即将试模连同浆体以平移的方式从玻璃板上取下，翻转 180°，直径大端朝上，小端朝下，放在玻璃板上，再放入湿气养护箱内继续养护，临近终凝时间时每隔 15 min（或更短时间）测定一次，当试针沉入试体 0.5 mm 时，即环形附件开始不能在试体上留下痕迹时，水泥达到终凝状态。

2.6.7　注意事项

在最初测定的操作时，应轻轻地扶持金属柱，使其徐徐下降以防试针撞弯，但结果以自由下落为准；在整个操作过程中试针插入的位置至少要距试模内壁 10 mm。

临近初凝时，每隔 5 min（或更短时间）测定一次，临近终凝时每隔 15 min（或更短时间）测定一次，到达初凝时应立即重复测一次，当两次结论相同时，才能确定达到初凝状态，到达终凝时需要在试体另外两个不同点测试，确认结论相同时才能确定达到终凝状态。每次测定不能让试针落入原针孔，每次测定完毕须将试针擦净并将试模放回湿气养护箱内，整个测试过程要防止试模受振。

2.6.8　结果计算

由水泥全部加入水中至初凝状态的时间为水泥的初凝时间，单位：min。

由水泥全部加入水中至终凝状态的时间为水泥的终凝时间，单位：min。

2.7　安定性试验

2.7.1　试验目的

检验水泥浆在硬化时体积变化的均匀性，以确定水泥的品质。可用以检验游离氧化钙造成的体积安定性不良。

2.7.2　试验原理

试验方法为沸煮法，分为雷氏法（标准法）和试饼法（代用法）。

雷氏法是观测由两个试针的相对位移所指示的水泥标准稠度净浆体积膨胀的程度。试饼法是观测水泥标准稠度净浆试饼的外形变化程度。

2.7.3　主要仪器设备

（1）水泥净浆搅拌机。

（2）雷氏夹：由铜质材料制成，如图 2－10 所示。当一根指针的根部先悬挂在一根金属丝或尼龙丝上，另一根指针的根部再挂上 300 g 质量的砝码时，两根指针针尖的距离增加（2x）应在（17.5 ± 2.5）mm 范围内（见图 2－11），当去掉砝码后针尖的距离能恢复至挂砝码前的状态。

（3）沸煮箱：有效容积为 410 mm × 240 mm × 310 mm，内设箅板和加热器，能在（30 ± 5）min 内将水箱内的水由室温升至沸腾，并可保持沸腾 3 h 而不加水，整个试验过程中不需补充水量。

（4）雷氏夹膨胀测定仪：如图 2－12 所示，标尺最小刻度为 0.5 mm。

（5）湿气养护箱。

（6）钢直尺。

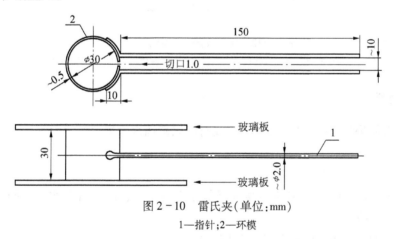

图 2－10　雷氏夹（单位：mm）

1—指针；2—环模

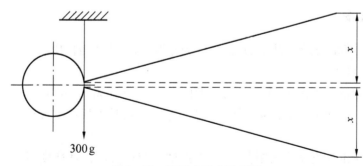

图 2－11　雷氏夹受力示意图

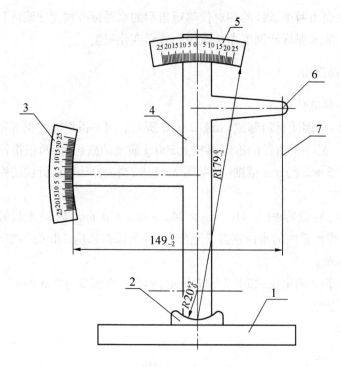

图 2 - 12　雷氏夹膨胀测定仪

1—底座;2—模子座;3—测弹性标尺;4—立柱;5—测膨胀值标尺;6—悬臂;7—悬丝

2.7.4　试验材料

试验用水必须是洁净的饮用水,如有争议时应以蒸馏水为准。

2.7.5　试验条件

试验室温度为(20 ± 2)℃,相对湿度应不低于 50% ;水泥试样、拌和水、仪器和用具的温度应与试验室一致。

湿气养护箱的温度为(20 ± 1)℃,相对湿度不低于 90% 。

2.7.6　试验步骤

试验方法分标准法和代用法,雷氏夹法为标准法,试饼法为代用法。

2.7.6.1　标准法试验步骤

(1)测定前准备工作:每个试样需成型两个试件,每个雷氏夹需配两个边长或直径约 80 mm、厚度 4 ~ 5 mm 的玻璃板。凡与水泥净浆接触的玻璃板和雷氏夹表面都要涂上一层油。

(2)水泥标准稠度净浆的制备:称取水泥试样 500 g,以标准稠度用水量按 2.5 节制成标准稠度净浆。

(3)雷氏夹试件的成型:将预先准备好的雷氏夹放在已稍擦油的玻璃板上,并立即将已制好的标准稠度净浆一次装满雷氏夹,装浆时一只手轻轻扶持雷氏夹,另一只手用宽约

25 mm 的直边刀插捣 3 次,然后抹平,盖上稍涂油的玻璃板,接着立即将试件移至湿气养护箱内养护(24 ± 2) h。

（4）沸煮前准备工作:调整好沸煮箱内的水位,保证在整个沸煮过程中都漫过试件,中途不需加水,同时又能在(30 ± 5) min 内沸腾。

（5）试件的检验:脱去玻璃板取下试件。先测量指针之间的距离(A),精确到 0.5 mm,接着将试件放到水中篦板上,然后在(30 ± 5) min 内加热到沸腾,并恒沸 3 h ± 5 min。

（6）沸煮结束,放掉箱中热水,打开箱盖,待箱体冷却至室温,取出试件进行判定。

2.7.6.2　代用法试验步骤

（1）测定前准备工作:一个样品需准备两块 100 mm × 100 mm 的玻璃板,每个试样需成型两个试件。凡与水泥净浆接触的玻璃板表面都要涂上一层油。

（2）水泥标准稠度净浆的制备:称取水泥试样 500 g,以标准稠度用水量按 2.5 节制成标准稠度净浆。

（3）试饼的成型方法:将制好的标准稠度净浆取出一部分分成两等份,使之成球形,放在预先准备好的玻璃板上,轻轻振动玻璃板并用湿布擦过的小刀由边缘向中央抹,做成直径 70 ~ 80 mm、中心厚约 10 mm、边缘渐薄、表面光滑的试饼,接着将试饼放入湿气养护箱内养护(24 ± 2) h。

（4）沸煮前准备工作:调整好沸煮箱内的水位,保证在整个沸煮过程中都漫过试件,中途不需加水,同时又能在(30 ± 5) min 内沸腾。

（5）试件的检验:脱去玻璃板取下试件,在试饼无缺陷的情况下,将试饼放在沸煮箱的水中篦板上,然后在(30 ± 5) min 内加热至沸腾,并恒沸 3 h ± 5 min。

（6）沸煮结束,放掉箱中热水,打开箱盖,待箱体冷却至室温,取出试件进行判定。

2.7.7　判定规则

当雷氏法和试饼法试验结果有矛盾时,以雷氏法为准。

2.7.7.1　雷氏法

测量试件指针尖端间的距离(C),准确至 0.5 mm。当两个试件煮后增加的距离(C − A)的平均值不大于 5.0 mm 时,即认为该水泥安定性合格;相差超过 5.0 mm 时,应用同一样品立即重做一次试验。以复检结果为准。

2.7.7.2　试饼法

目测未发现裂缝,用钢直尺检查也没有弯曲的(使钢直尺和试饼底部紧靠,以两者间不透光为不弯曲)试饼为安定性合格,反之为不合格。

当两个试饼判定有矛盾时,该水泥的安定性为不合格。

2.8 胶砂强度试验

2.8.1 试验原理

检验 40 mm×40 mm×160 mm 棱柱试体的水泥胶砂抗压强度和抗折强度,确定水泥的强度等级。

2.8.2 主要仪器设备

(1)水泥胶砂搅拌机:行星式水泥胶砂搅拌机由胶砂搅拌锅和搅拌叶片及相应的机构组成。搅拌锅可以随意挪动,但可以很方便地固定在锅座上,而且搅拌时也不会明显晃动和转动;搅拌叶片呈扇形,搅拌时除顺时针自转外,沿锅周边逆时针公转,并具有高低两种速度,属行星式搅拌机,如图 2-13 所示。自动控制程序为:低速(30±1)s,再低速(30±1)s,同时自动开始加砂并在 20～30 s 内全部加完,高速(30±1)s,停(90±1)s,高速(60±1)s。

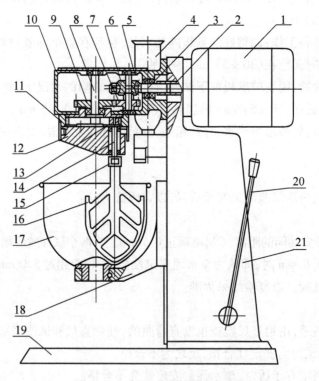

图 2-13 行星式水泥胶砂搅拌机

1—电机;2—联轴套;3—蜗杆;4—砂罐;5—传动箱盖;6—涡轮;7—齿轮Ⅰ;8—主轴;9—齿轮Ⅱ;10—传动箱;11—内齿轮;12—偏心座;13—行星齿轮;14—搅拌叶轴;15—调节螺母;16—搅拌叶;17—搅拌锅;18—支座;19—底座;20—手柄;21—立柱

（2）水泥胶砂试模：试模由隔板、端板、底板、紧固装置及定位销组成,能同时成型三条 40 mm×40 mm×160 mm 棱柱体且可拆卸。

（3）水泥胶砂试体成型振实台：振实台由台盘和使其跳动的凸轮等组成。台盘上有固定试模用的卡具,并连有两根起稳定作用的臂,凸轮由电机带动,通过控制器控制按一定的要求转动并保证使台盘平稳上升至一定高度后自由下落,其中心恰好与止动器撞击。基本结构示意图如图 2-14 所示。

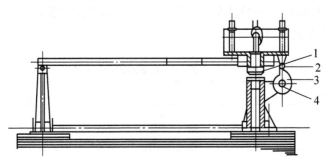

图 2-14 振实台基本结构示意图
1—突头；2—随动轮；3—凸轮；4—止动器

（4）水泥胶砂电动抗折试验机：抗折机为双臂杠杆式,主要由机架、可逆电机、传动丝杠、标尺、抗折夹具等组成。两支承圆钢间的距离为 100 mm。工作时游砣沿着杠杆移动逐渐增加负荷,加压速度为 0.05 kN/s,最大负荷不低于 5000 N。其结构示意图见图 2-15。

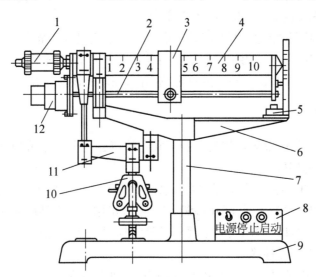

图 2-15 水泥胶砂电动抗折试验机结构示意图
1—平衡锤；2—传动丝杠；3—游砣；4—主杠杆；5—微动开关；6—机架；7—立柱；
8—电器控制箱；9—底座；10—抗折夹具；11—下杠杆；12—可逆电机

（5）抗压强度试验机：在较大的 4/5 量程范围内使用时,记录的荷载应有 ±1% 精度,并具有按(2 400 ±200) N/s 速率的加荷能力,应有一个能指示试件破坏时荷载并把它保持到试验机卸荷以后的指示器,可以用表盘里的峰值指针或显示器来达到。

(6)水泥抗压夹具:抗压夹具由框架、传压柱、上下压板组成,上压板带有球座,用两根吊簧吊在框架上,下压板固定在框架上,上、下压板宽度(40±0.1)mm。工作时传压柱、上下压板与框架处于同一轴线上。

2.8.3 试验材料

(1)中国 ISO 标准砂:颗粒分布完全符合表2-1的规定,通常将各级配砂预配合,以(1 350±5)g 量的塑料袋混合包装。

表2-1 中国 ISO 标准砂的颗粒级配

方孔边长/mm	累计筛余/%	方孔边长/mm	累计筛余/%
2.0	0	0.5	67±5
1.6	7±5	0.16	87±5
1.0	33±5	0.08	99±1

(2)水:仲裁试验或其他重要试验用蒸馏水,其他试验可用饮用水。

2.8.4 试验条件

试体成型试验室的温度应保持在(20±2)℃,相对湿度应不低于50%。

试体带模养护的养护箱或雾室温度保持在(20±1)℃,相对湿度不低于90%。

试体养护池水温应在(20±1)℃范围内。

试验室空气温度和相对湿度及养护池水温在工作期间每天至少记录1次。

养护箱或雾室的温度与相对湿度至少每4 h 记录1次,在自动控制的情况下记录次数可以酌减至每天记录2次。在温度给定范围内,控制所设定的温度应为此范围中值。

2.8.5 试验步骤

(1)成型前将试模擦净,四周的模板与底座的接触面上应涂黄油,紧密装配,防止漏浆,内壁均匀涂一薄层机油。

(2)水泥与标准砂的质量比为1:3,水灰比为0.5。每成型三条试件需称量水泥(450±2)g、水(225±1)g、标准砂(1350±5)g,称量用的天平精度应为1 g。

(3)水泥、砂、水和试验用具的温度与试验室相同。试验前或更换水泥品种时,搅拌锅、叶片和下料漏斗等须擦净。

(4)使胶砂搅拌机处于待工作状态,将标准砂加入砂罐中,将水加入搅拌锅里,再加入水泥,把搅拌锅放在固定架上,上升至固定位置。

(5)开动搅拌机,低速搅拌30 s 后,在第二个30 s 开始时,均匀地将砂子加入。若各级砂为分装,从最粗粒级开始,依次将所需要的每级砂量加完,把机器调至高速再搅拌30 s。停拌90 s,在第一个15 s 内,用一胶皮刮具将叶片和锅壁上的胶砂刮入锅中。在高速下继续搅拌60 s,各个搅拌阶段时间共计240 s。搅拌过程宜采用程序自动控制。

（6）胶砂制备后立即成型。将空试模和模套固定在振实台上,用一个合适的勺子直接从搅拌锅里将胶砂分两层装入试模,装第一层时,每个槽里约放 300 g 胶砂,用大拨料器（见图 2-16）垂直架在模套顶部沿每个模槽来回一次将料层拨平,接着振实 60 次。再装入第二层胶砂,用小拨料器拨平,再振实 60 次。移走模套,从振实台上取下试模,用一金属直尺以近似 90° 的角度架在试模模顶的一端,然后沿试模长度方向以横向锯割动作慢慢向另一端移动,一次将超过试模部分的胶砂刮去,并用同一直尺在近乎水平的角度下将试件表面抹平。在试模上做标记或加字条标明试件编号和试件相对于振实台的位置。

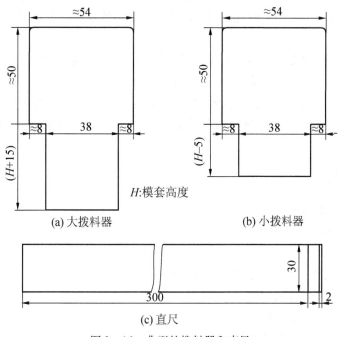

图 2-16　典型的拨料器和直尺

（7）去掉留在试模四周的胶砂。立即将做好标记的试模放入雾室或养护箱的水平架子上养护,湿空气应能与试模各边接触。养护时不应将试模放在其他试模上。一直养护到规定的脱模时间时取出试模。脱模前,用防水墨汁或颜料笔对试件进行编号和做其他标记。两个龄期以上的试件,在编号时应将同一试模中的三条试件分在两个以上龄期内。

（8）要非常小心地用塑料锤或皮榔头对试件脱模。对 24 h 龄期的,需在破型试验前 20 min 内脱模。龄期 24 h 以上的,在成型后 20～24 h 之间脱模。

（9）脱模后将做好标记的试件立即水平或竖直放在（20±1）℃ 水中养护,水平放置时刮平面应朝上。试件放在不易腐烂的箅子上（不宜用木箅子）,并彼此间保持一定间距,以让水与试件的 6 个面接触。养护期间试件之间间隔或试件上表面的水深不得小于 5 mm。每个养护池只养护同类型的水泥试件。最初用自来水装满养护池（或容器）,随后随时加水保持适当的恒定水位,不允许在养护期间全部换水。

（10）各龄期的试件必须在表 2-2 所列时间内进行强度试验。试件龄期是从水泥加水搅拌开始试验时算起。除 24 h 龄期或延迟至 48 h 脱模的试件外,任何到龄期的试件应在试验（破型）前 15 min 从水中取出。揩去试件表面沉积物,并用湿布覆盖至试验为止。

表 2-2　水泥胶砂强度试验时间

龄　期	1 d	3 d	7 d	28 d
试验时间	24 h ± 15 min	3 d ± 45 min	7 d ± 2 h	28 d ± 8 h

（11）每龄期取出三条试件,先做抗折强度试验。试验前擦去试件表面的水分和砂粒,清除夹具上的杂物。将试件一个侧面放在试验机支撑圆柱上,试件长轴垂直于支撑圆柱。试件放入后调整夹具,使杠杆在试件折断时尽可能地接近平衡位置。开动抗折机,通过加荷圆柱以（50 ± 10）N/s 的速率均匀地将荷载垂直地加在棱柱体相对侧面上直至折断。

（12）保持抗折强度试验后的 6 个半截棱柱体处于潮湿状态直至抗压试验。试验前应清除试件受压面(棱柱体的侧面)与加压板间的砂粒或杂物。试验时将半截棱柱体放入抗压夹具中,应使棱柱体的侧面受压,棱柱体露在压板外的部分约有 10 mm。应使夹具对准压力机压板中心,在整个加荷过程中以（2 400 ± 200）N/s 的速率均匀地加荷直至破坏。

2.8.6　结果计算

2.8.6.1　抗折强度结果计算

抗折强度按式（2-13）计算:

$$R_f = 1.5\ F_f L / b^3 \tag{2-13}$$

式中　R_f——抗折强度,MPa(精确至 0.1 MPa);

　　　F_f——破坏荷载,N;

　　　L——支撑圆柱中心距,mm（100 mm）;

　　　b——棱柱体正方形截面的边长,mm（40 mm）。

根据上式计算出抗折强度,以三条试件的平均值为试验结果。

当三个强度值中有一个超过平均值的 ±10% 时,应剔除,将余下的两条计算平均值,并作为抗折强度试验结果。

2.8.6.2　抗压强度结果计算

抗压强度按式（2-14）计算:

$$R_c = F_c / A \tag{2-14}$$

式中　R_c——抗压强度,MPa(精确至 0.1 MPa);

　　　F_c——破坏荷载,N;

　　　A——受压面积,mm^2（40 mm × 40 mm = 1 600 mm^2）。

取抗压强度 6 个测定值的算术平均值作为抗压强度试验结果。

如 6 个测定值中有一个超出 6 个平均值的 ±10%,应剔除这个结果,用剩下的 5 个值进行算术平均,如果 5 个测定值中再有超出它们平均值的 ±10% 的,则此组结果作废。

2.9 技术要求

2.9.1 细度技术要求

（1）硅酸盐水泥和普通水泥以比表面积表示，不小于 300 m^2/kg；

（2）矿渣水泥、火山灰水泥、粉煤灰水泥和复合水泥以筛余表示，80 μm 方孔筛筛余不大于 10 % 或 45 μm 方孔筛筛余不大于 30 %。

2.9.2 凝结时间要求

（1）硅酸盐水泥初凝时间不小于 45 min，终凝时间不大于 390 min。

（2）普通水泥、矿渣水泥、火山灰水泥、粉煤灰水泥和复合水泥的初凝时间不小于 45 min，终凝时间不大于 600 min。

2.9.3 安定性要求

用沸煮法检验必须合格。

2.9.4 强度要求

硅酸盐水泥和普通水泥的强度要求见表 2-3，矿渣水泥、火山灰水泥、粉煤灰水泥和复合水泥的强度要求见表 2-4。

表 2-3 硅酸盐水泥和普通水泥各龄期强度指标 单位：MPa

强度等级	抗压强度		抗折强度		强度等级	抗压强度		抗折强度	
	3d	28d	3d	28d		3d	28d	3d	28d
42.5	17.0	42.5	3.5	6.5	52.5R	27.0	52.5	5.0	7.0
42.5R	22.0	42.5	4.0	6.5	62.5	28.0	62.5	5.0	8.0
52.5	23.0	52.5	4.0	7.0	62.5R	32.0	62.5	5.5	8.0

注：普通水泥没有 62.5 和 62.5R 级。

表 2-4 矿渣水泥、火山灰水泥、粉煤灰水泥和复合水泥各龄期强度指标 单位：MPa

强度等级	抗压强度		抗折强度		强度等级	抗压强度		抗折强度	
	3d	28d	3d	28d		3d	28d	3d	28d
32.5	10.0	32.5	2.5	5.5	42.5R	19.0	42.5	4.0	6.5
32.5R	15.0	32.5	3.5	5.5	52.5	21.0	52.5	4.0	7.0
42.5	15.0	42.5	3.5	6.5	52.5R	23.0	52.5	4.5	7.0

注：复合水泥已经取消 32.5 级。

2.10 检验项目

矿渣水泥、火山灰水泥、粉煤灰水泥和复合水泥出厂检验项目包括氧化镁、三氧化硫、氯离子、凝结时间、安定性和胶砂强度等 6 个项目,硅酸盐水泥还包括不溶物和烧失量,普通水泥还包括烧失量,其中矿渣水泥(B 型)不用检验氧化镁含量。

试验报告内容应包括出厂检验项目、细度、混合材料的名称和掺加量、石膏的种类、是否掺助磨剂、属旋窑或立窑生产及合同约定的其他技术要求。当用户需要时,水泥厂应在水泥发出之日起 7 d 内寄发除 28 d 强度以外的各项试验结果;32 d 内补报 28 d 强度的检验结果。

水泥进场时应对其强度、安定性及其他必要的性能指标进行复检。

2.11 判定规则

水泥出厂检验项目的结果符合技术要求时为合格品。出厂检验项目的任一结果不符合技术要求时为不合格品。

2.12 交货与验收

交货时水泥的质量验收可抽取实物试样并以其检验结果为依据,也可以生产者同编号水泥的检验报告为验收依据。采取何种方法验收由买卖双方商定,并在合同或协议中注明。卖方有告知买方验收方法的责任。当无书面合同或协议,或未在合同、协议中注明验收方法的,卖方应在发货票上注明"以本厂同编号水泥的检验报告为验收依据"字样。

以抽取实物试样的检验结果为验收依据时,买卖双方应在发货前或交货地共同取样和签封。取样数量为 20 kg,缩分为二等份。一份由卖方保存 40 d,一份由买方按标准规定的项目和方法进行检验。在 40 d 以内,买方检验认为产品质量不符合本标准要求,而卖方又有异议时,则双方应将卖方保存的另一份试样送省级或省级以上国家认可的水泥质量监督检验机构进行仲裁检验。水泥安定性仲裁检验时,应在验收检验之日起 10 d 以内完成。

以水泥厂同编号水泥的检验报告为验收依据时,在发货前或交货时买方在同编号水泥中抽取试样,双方共同签封后由卖方保存 90 d,或认可卖方自行取样、签封并保存 90 d 的同编号水泥的封存样。在 90 d 内,买方对水泥质量有疑问时,则买卖双方应将共同认可的试样送省级或省级以上国家认可的水泥质量监督检验机构进行仲裁检验。

第3章 砂试验

砂试验包括颗粒级配、表观密度、堆积密度与空隙率、含泥量、石粉含量、泥块含量、吸水率、含水率、坚固性、云母含量、轻物质含量、有机物含量、硫化物与硫酸盐含量、氯化物含量、海砂中贝壳含量和碱集料反应试验。本章仅介绍颗粒级配、表观密度、堆积密度与空隙率、含泥量、石粉含量和含水率等6项试验。

3.1 相关标准

GB/T 14684—2011 建设用砂

3.2 编号与取样

3.2.1 编号

应按连续进场的同厂家、同料源、同品种、同规格、同等级的产品分批编号验收。

采用大型工具(如火车、货船或汽车)运输的,应以400 m³或600 t为一验收批;采用小型工具(如拖拉机等)运输的,应以200 m³或300 t为一验收批;当砂的质量比较稳定、进料量又比较大时,可以1 000 t为一验收批。不足上述数量时,也按一批计。

3.2.2 取样

3.2.2.1 取样方法

(1)在料堆上取样时,取样部位应均匀分布。取样前先将取样部位表层铲除,然后从不同部位随机抽取大致等量的砂8份,组成1组样品。

(2)从皮带运输机上取样时,应用与皮带等宽的接料器在皮带运输机机头的出料处全断面定时随机抽取大致等量的砂4份,组成1组样品。

(3)从火车、汽车、货船上取样时,从不同部位和深度抽取大致等量的砂8份,组成1组样品。

3.2.2.2 取样数量

单项试验的最少取样数量应符合表3-1的规定。当需做多项试验时,如确能保证试样经一项试验后不致影响另一项试验的结果,可用同一试样进行多项不同的试验。

表3-1 单项试验的最少取样数量 单位:kg

试验项目	最少取样数量	试验项目	最少取样数量
颗粒级配	4.4	含泥量	4.4
表观密度	2.6	石粉含量	6.0
堆积密度与空隙率	5.0	含水率	1.0

3.2.2.3 试样处理

(1)分料器法:将样品在潮湿状态下拌和均匀,然后通过分料器,取接料斗中的其中一份再次通过分料器。重复上述过程,直至把样品缩分到试验所需量为止。

(2)人工四分法:将所取样品置于平板上,在潮湿状态下拌和均匀,并堆成厚度约为20 mm的圆饼,然后沿互相垂直的两条直径把圆饼分成大致相等的四份,取其中对角线的两份重新拌匀,再堆成圆饼。重复上述过程,直至把样品缩分到试验所需量为止。

(3)含水率、堆积密度、人工砂坚固性检验所用试样可不经缩分,在拌匀后直接进行试验。

实验室的温度应保持在(20±5)℃。

3.3 颗粒级配试验

3.3.1 试验目的

测定砂的颗粒级配及细度模数。

3.3.2 主要仪器设备

(1)鼓风干燥箱:能使温度控制在(105±5)℃;

(2)天平:量称不小于1 000 g,分度值不大于1 g;

(3)方孔筛:孔径为150 μm,300 μm,600 μm,1.18 mm,2.36 mm,4.75 mm及9.50 mm的方孔筛各一个,并附有筛底和筛盖;

(4)摇筛机;

(5)搪瓷盘、毛刷等。

3.3.3 试验步骤

(1)按规定取样,筛除大于9.50 mm的颗粒(并算出其筛余百分率),将试样缩分至约1 100 g,放在鼓风干燥箱中于(105±5)℃下烘干至恒量,待冷却至室温后,分为大致相等的两份备用。

注:恒量是指试样在烘干3 h以上的情况下,其前后质量之差不大于该项试验所要求的称量精度(下同)。

(2)称取试样500 g,精确至1 g。将试样倒入按孔径大小从上到下组合的套筛(附筛底)上,然后进行筛分。

（3）将套筛置于摇筛机上，摇 10 min；取下套筛，按筛孔大小顺序再逐个用手筛，筛至每分钟通过量小于试样总量的 0.1% 为止。通过的试样并入下一号筛中，并和下一号筛中的试样一起过筛，这样顺序进行，直至各号筛全部筛完为止。

（4）称出各号筛的筛余量，精确至 1 g。试样在各号筛上的筛余量不得超过按式（3-1）计算出的量。

$$G = \frac{A\sqrt{d}}{200} \tag{3-1}$$

式中　G——在一个筛上的筛余量，g；

　　　A——筛面面积，mm^2；

　　　d——筛孔孔径，mm。

超过时应按下列方法之一处理：

①将该粒级试样分成少于按式（3-1）计算出的量，分别筛分，并以筛余量之和作为该筛的筛余量。

②将该粒级及以下各粒级的筛余混合均匀，称出其质量，精确至 1 g。再用四分法缩分为大致相等的两份，取其中一份，称出其质量，精确至 1 g，继续筛分。计算该粒级及以下各粒级的分计筛余量时应根据缩分比例进行修正。

3.3.4　结果计算

（1）计算分计筛余百分率：各号筛的筛余量与试样总量之比，计算精确至 0.1%。

（2）计算累计筛余百分率：该号筛的筛余百分率加上该号筛以上各筛筛余百分率之和，精确至 0.1%。筛分后，如每号筛的筛余量与筛底的剩余量之和同原试样质量之差超过原试样质量的 1% 时，须重新试验。

（3）砂的细度模数按式（3-2）计算，精确至 0.01。

$$M_x = \frac{(A_2 + A_3 + A_4 + A_5 + A_6) - 5A_1}{100 - A_1} \tag{3-2}$$

式中　M_x——细度模数；

　　　$A_1, A_2, A_3, A_4, A_5, A_6$——4.75 mm，2.36 mm，1.18 mm，600 μm，300 μm，150 μm 筛的累计筛余百分率。

（4）累计筛余百分率取两次试验结果的算术平均值，精确至 1%。细度模数取两次试验结果的算术平均值，精确至 0.1；如两次试验的细度模数之差超过 0.20 时，须重新取样试验。

（5）根据各号筛的累积筛余百分率，采用修约值比较法评定该试样的颗粒级配。

3.4　表观密度试验

3.4.1　主要仪器设备

（1）鼓风干燥箱：能使温度控制在（105±5）℃；

（2）天平：量程不小于 1 000 g，分度值 0.1 g；

（3）容量瓶：500 mL；

（4）干燥器、搪瓷盘、滴管、毛刷、温度计等。

3.4.2 试验步骤

（1）按规定取样，并将试样缩分至约 660 g，放在干燥箱中于（105 ±5）℃下烘干至恒重，并在干燥器中冷却至室温，分为大致相等的两份备用。

（2）称取试样 300 g，精确至 0.1 g。将试样装入容量瓶，注入冷开水至接近 500 mL 的刻度处，用手旋转摇动容量瓶使砂样充分摇动，排除气泡，塞紧瓶盖，静置 24 h。

（3）用滴管小心加水至容量瓶 500 mL 刻度处，塞紧瓶塞，擦干瓶外水分，称出其质量，精确至 1 g。

（4）倒出瓶内水和试样，洗净容量瓶，再向容量瓶内加入与步骤（2）中水温相差不超过 2 ℃的冷开水至 500 mL 刻度线。塞紧瓶塞，擦干瓶外水分，称出其质量，精确至 1 g。

注：在砂的表观密度试验过程中应测量并控制水的温度，试验的各项称量可在 15 ~ 25 ℃范围内进行。从试样加水静置的最后 2 h 起直至试验结束，其温度相差不应超过 2 ℃。

3.4.3 结果计算

（1）砂的表观密度按式（3 - 3）计算，精确至 10 kg/m³：

$$\rho_0 = \left(\frac{G_0}{G_0 + G_2 - G_1} - \alpha_t \right) \times \rho_{水} \qquad (3 - 3)$$

式中　ρ_0——表观密度，kg/m³；

　　　$\rho_{水}$——水的密度，1 000 kg/m³；

　　　G_0——烘干试样的质量，g；

　　　G_1——试样、水及容量瓶的总质量，g；

　　　G_2——水及容量瓶的总质量，g；

　　　α_t——水温对表观密度影响的修正系数（见表 3 - 2）。

表 3 - 2　不同水温对砂的表观密度影响的修正系数

水温/℃	15	16	17	18	19	20	21	22	23	24	25
α_t	0.002	0.003	0.003	0.004	0.004	0.005	0.005	0.006	0.006	0.007	0.008

（2）表观密度取两次试验结果的算术平均值，精确至 10 kg/m³；如两次试验结果之差大于 20 kg/m³，应重新试验。

（3）采用修约值比较法进行评定。

3.5　堆积密度与空隙率试验

堆积密度分为松散堆积密度和紧密堆积密度，通常松散堆积密度简称堆积密度，紧密堆积密度简称紧密密度。相应的空隙率也分为松散堆积密度空隙率和紧密堆积密度空隙率。

3.5.1　主要仪器设备

(1) 鼓风干燥箱:能使温度控制在(105 ± 5)℃;

(2) 天平:量程不小于 10 kg,分度值 1 g;

(3) 容量筒:圆柱形金属筒,内径 108 mm,净高 109 mm,壁厚 2 mm,筒底厚约 5 mm,容积为 1 L;

(4) 方孔筛:孔径为 4.75 mm 的筛 1 个;

(5) 垫棒:直径 10 mm,长 500 mm 的圆钢;

(6) 直尺、漏斗或料勺、搪瓷盘、毛刷等。

3.5.2　试验步骤

(1) 按规定取样,用搪瓷盘装取试样约 3 L,放在干燥箱中于(105 ± 5)℃下烘干至恒量,待冷却至室温后,筛除大于 4.75 mm 的颗粒,分为大致相等的两份备用。

(2) 松散堆积密度:取试样一份,用漏斗或料勺将试样从容量筒中心上方 50 mm 处徐徐倒入,让试样以自由落体下落,当容量筒上部试样呈锥体,且容量筒四周溢满时,即停止加料。拿开漏斗,然后用直尺沿筒口中心线向两边刮平(试验过程应防止触动容量筒),称出试样和容量筒总质量,精确至 1 g。

(3) 紧密堆积密度:取试样一份分两次装入容量筒。装完第一层后(约计稍高于 1/2),在筒底垫放一根直径为 10 mm 的圆钢,将筒按住,左右交替击地面各 25 次。然后装入第二层,第二层装满后用同样方法颠实(但筒底所垫圆钢的方向与第一层时的方向垂直)后,再加试样直至超过筒口,然后用直尺沿筒口中心线向两边刮平,称出试样和容量筒总质量,精确至 1 g。

3.5.3　结果计算

(1) 松散或紧密堆积密度按式(3 - 4)计算,精确至 10 kg/m³:

$$\rho_1 = \frac{G_1 - G_2}{V} \qquad (3-4)$$

式中　ρ_1——松散堆积密度或紧密堆积密度,kg/m³;

　　　G_1——容量筒和试样总质量,g;

　　　G_2——容量筒质量,g;

　　　V——容量筒的容积,L。

(2) 空隙率按式(3 - 5)计算,精确至 1%:

$$V_0 = \left(1 - \frac{\rho_1}{\rho_0}\right) \times 100\% \qquad (3-5)$$

式中　V_0——空隙率,%;

　　　ρ_1——试样的松散(或紧密)堆积密度,kg/m³;

ρ_0——按式(3-3)计算的试样表观密度,kg/m^3。

（3）堆积密度取两次试验结果的算术平均值,精确至 $10kg/m^3$。空隙率取两次试验结果的算术平均值,精确至 1%。

（4）采用修约值比较法进行评定。

3.5.4 容量筒的校准方法

将温度为 $(20±2)$ ℃的饮用水装满容量筒,用一玻璃板沿筒口推移,使其紧贴水面。擦干筒外壁水分,然后称出其质量,精确至 1g。容量筒容积按式(3-6)计算,精确至 1 mL:

$$V = (G_1 - G_2)/\rho_水 \tag{3-6}$$

式中　V——容量筒容积,mL;

　　　G_1——容量筒、玻璃板和水的总质量,g;

　　　G_2——容量筒和玻璃板质量,g;

　　　$\rho_水$——水的密度,1g/mL。

3.6　含泥量试验

3.6.1 适用范围

适用于测定粗砂、中砂和细砂的含泥量,不适用于特细砂的含泥量测定。

3.6.2 主要仪器设备

（1）鼓风干燥箱:能使温度控制在 $(105±5)$ ℃;

（2）天平:量程不小于 1 000 g,分度值 0.1 g;

（3）方孔筛:孔径为 75 μm 及 1.18 mm 的筛各 1 个;

（4）容器:要求淘洗试样时,保持试样不溅出(深度大于 250 mm);

（5）搪瓷盘、毛刷等。

3.6.3 试验步骤

（1）按规定取样,并将试样缩分至约 1 100 g,放在烘箱中于 $(105±5)$ ℃下烘干至恒量,待冷却至室温后,分为大致相等的两份备用。

（2）称取试样 500 g,精确至 0.1 g。将试样倒入淘洗容器中,注入清水,使水面高出试样面约 150 mm,充分搅拌均匀后,浸泡 2 h,然后用手在水中淘洗试样,使尘屑、淤泥和黏土与砂粒分离,把浑水缓缓倒入筛孔孔径为 1.18 mm 及 75 μm 的套筛上(1.18 mm 筛放在 75 μm 筛上面),滤去小于 75 μm 的颗粒。试验前筛子的两面应先用水润湿,在整个过程中应小心防止砂粒流失。

（3）向容器中注入清水,重复上述操作,直至容器内的水目测清澈为止。

（4）用水淋洗剩余在筛上的细粒,并将 75 μm 筛放在水中(使水面略高出筛中砂粒的上表面)来回摇动,以充分洗掉粒径小于 75 μm 的颗粒,然后将两只筛的筛余颗粒和清洗容器中已经洗净的试样一并倒入搪瓷盘,放在烘箱中于(105 ±5)℃下烘干至恒量,待冷却至室温后,称量其质量,精确至 0.1 g。

3.6.4　结果计算

(1)含泥量按式(3 - 7)计算,精确至 0.1% :

$$Q_a = \frac{G_0 - G_1}{G_0} \times 100\% \tag{3-7}$$

式中　Q_a——含泥量,% ;

　　　G_0——试验前烘干试样的质量,g;

　　　G_1——试验后烘干试样的质量,g。

(2)含泥量取两个试样试验结果的算术平均值作为测定值,采用修约值比较法进行评定。

3.7　石粉含量试验

3.7.1　试验目的

用于测定人工砂和混合砂中石粉含量。

3.7.2　试剂和材料

(1)亚甲蓝:($C_{16}H_{18}ClN_3S \cdot 3H_2O$)含量≥95% ;

(2)亚甲蓝溶液

①亚甲蓝粉末含水率测定:称量亚甲蓝粉末约 5 g,精确到 0.01 g,记为 M_h。将该粉末在(100 ±5)℃烘至恒量。置于干燥器中冷却。从干燥器中取出后立即称重,精确到 0.01 g,记为 M_g。按式(3 - 8)计算含水率,精确到小数点后一位,记为 W。

$$W = \frac{M_h - M_g}{M_g} \times 100\% \tag{3-8}$$

式中　W——含水率,% ;

　　　M_h——烘干前亚甲蓝粉末质量,g;

　　　M_g——烘干后亚甲蓝粉末质量,g。

每次染料溶液制备均应进行亚甲蓝含水率测定。

②亚甲蓝溶液制备:称量亚甲蓝粉末[(100 + W)/10]g ± 0.01 g(相当于干粉 10 g),精确至 0.01 g。倒入盛有约 600 mL 蒸馏水(水温加热至 35 ~ 40 ℃)的烧杯中,用玻璃棒持续搅拌 40 min,直至亚甲蓝粉末完全溶解,冷却至 20 ℃。将溶液倒入 1 L 容量瓶中,用蒸馏水淋洗烧杯等,使所有亚甲蓝溶液全部移入容量瓶,容量瓶和溶液的温度应保持在(20 ±1)℃,加蒸馏水至容量瓶 1 L 刻度。振荡容量瓶以保证亚甲蓝粉末完全溶解。将容量瓶中溶液移入深色储藏瓶中,标明制备日期、失效日期(亚甲蓝溶液保质期应不超过 28 d),

并置于阴暗处保存。

（3）定量滤纸：快速。

3.7.3 主要仪器设备

（1）鼓风干燥箱：能使温度控制在（105±5）℃；

（2）天平：量程不小于1 000 g，分度值0.1 g及量程不小于100 g，分度值0.01 g各1台；

（3）方孔筛：孔径为75 μm及1.18 mm和2.36 mm的筛各1个；

（4）容器：要求淘洗试样时，能保持试样不溅出（深度大于250 mm）；

（5）移液管：5 mL、2 mL移液管各1个；

（6）三片式或四片式叶轮搅拌器：转速可调（最高达（600±60）r/min），直径（75±10）mm；

（7）定时装置：精度1 s；

（8）玻璃容量瓶：1 L；

（9）温度计：精度1 ℃；

（10）玻璃棒：2支（直径8 mm，长300 mm）；

（11）搪瓷盘、毛刷、1 000 mL烧杯等。

3.7.4 试验步骤

3.7.4.1 石粉含量的测定：按3.6.3进行

3.7.4.2 亚甲蓝MB值的测定

（1）按规定取样，并将试样缩分至约400 g，放在烘箱中于（105±5）℃下烘干至恒量，待冷却至室温后，筛除大于2.36 mm的颗粒备用。

（2）称取试样200 g，精确至0.1 g。将试样倒入盛有（500±5）mL蒸馏水的烧杯中，用叶轮搅拌机以转速（600±60）r/min搅拌5 min，形成悬浮液，然后持续以转速（400±40）r/min搅拌，直至试验结束。

（3）悬浮液中加入5 mL亚甲蓝溶液，以转速（400±40）r/min搅拌至少1 min后，用玻璃棒蘸取1滴悬浮液（所取悬浮液滴应使沉淀物直径为8～12 mm），滴于滤纸（置于空烧杯或其他合适的支撑物上，以使滤纸表面不与任何固体或液体接触）上。若沉淀物周围未出现色晕，再加入5 mL亚甲蓝溶液，继续搅拌1 min，再用玻璃棒蘸取1滴悬浮液，滴于滤纸上，若沉淀物周围仍未出现色晕，重复上述步骤，直至沉淀物周围出现约1 mm的稳定浅蓝色色晕。此时，应继续搅拌，不加亚甲蓝溶液，每分钟进行1次沾染试验。若色晕在4 min内消失，再加入5 mL亚甲蓝溶液；若色晕在第5 min消失，再加入2 mL亚甲蓝溶液。两种情况下，均应继续进行搅拌和沾染试验，直至色晕可持续5 min。

（4）记录色晕持续5 min时所加入的亚甲蓝溶液总体积，精确至1 mL。

3.7.4.3 亚甲蓝的快速试验

（1）按3.7.4.2条（1）制样；

（2）按3.7.4.2条（2）搅拌；

（3）一次性向烧杯中加入30 mL亚甲蓝溶液，以转速（400±40）r/min持续搅拌

8 min,然后用玻璃棒蘸取 1 滴悬浮液,滴于滤纸上,观察沉淀物周围是否出现明显色晕。

3.7.5　结果计算

(1)石粉含量的计算:按 3.6.4 进行。

(2)亚甲蓝 MB 值结果计算。

亚甲蓝值按式(3-9)计算,精确至 0.1 g/kg。

$$MB = \frac{V}{G} \times 10 \qquad (3-9)$$

式中　MB——亚甲蓝值,g/kg,表示每千克 0～2.36 mm 粒级试样所消耗的亚甲蓝质量;

　　　G——试样质量,g;

　　　V——所加入的亚甲蓝溶液的体积,mL;

　　　10——用于将每千克试样消耗的亚甲蓝溶液体积换算成亚甲蓝质量。

(3)亚甲蓝快速试验结果评定。

若沉淀物周围出现明显色晕,则判定亚甲蓝快速试验为合格;若沉淀物周围未出现明显色晕,则判定亚甲蓝快速试验为不合格。

(4)采用修约值比较法进行评定。

3.8　含水率试验

3.8.1　主要仪器设备

(1)鼓风干燥箱:能使温度控制在(105±5)℃;

(2)天平:量程不小于 1 000 g,分度值 0.1 g;

(3)吹风机(手提式);

(4)干燥器、吸管、搪瓷盘、小勺、毛刷等。

3.8.2　试验步骤

(1)将自然潮湿状态下的试样用四分法缩分至约 1 100 g,拌匀后分为大致相等的两份备用。

(2)称取一份试样的质量,精确至 0.1 g。将试样倒入已知质量的浅盘中,放在干燥箱中于(105±5)℃下烘至恒量。待冷却至室温后,再称出其质量,精确至 0.1 g。

3.8.3　结果计算

含水率按式(3-10)计算,精确至 0.1%:

$$Z = \frac{G_2 - G_1}{G_1} \times 100\% \qquad (3-10)$$

式中　Z——含水率,%;

　　　G_2——烘干前的试样质量,g;

G_1——烘干后的试样质量,g。

含水率以两次试验结果的算术平均值作为测定值,精确至 0.1%;两次试验结果之差大于 0.2% 时,应重新试验。

3.9 技术要求

《建筑用砂》中将砂按技术要求分为Ⅰ类、Ⅱ类、Ⅲ类,其中Ⅰ类宜用于强度等级大于 C60 的混凝土;Ⅱ类宜用于强度等级 C30～C60 及抗冻、抗渗或其他要求的混凝土;Ⅲ类宜用于强度等级小于 C30 的混凝土和建筑砂浆。

3.9.1 细度模数

《建筑用砂》中将砂分为粗砂、中砂和细砂三种规格,其细度模数分别为:粗砂 3.7～3.1;中砂 3.0～2.3;细砂 2.2～1.6。《普通混凝土用砂、石质量及检验方法标准》还包括特细砂,其细度模数为 1.5～0.7。

3.9.2 颗粒级配

砂的颗粒级配应符合表 3-3 的规定;砂的级配类别应符合表 3-4 的规定。对于砂浆用砂,4.75 mm 筛孔的累计筛余量应为 0。

表 3-3 颗粒级配

累计筛余/% 方孔筛 级配区	1 区	2 区	3 区
9.50 mm	0	0	0
4.75 mm	10～0	10～0	10～0
2.36 mm	35～5	25～0	15～0
1.18 mm	65～35	50～10	25～0
600 μm	85～71	70～41	40～16
300 μm	95～80	92～70	85～55
150 μm	100～90	100～90	100～90

注:①砂的实际颗粒级配与表中所列数字相比,除 4.75 mm 和 600 μm 筛档外,可以略有超出,但超出总量应小于 5%。
②1 区人工砂中 150μm 筛孔的累计筛余为 97%～85%,2 区人工砂中 150μm 筛孔的累计筛余为 94%～80%,3 区人工砂中 150μm 筛孔的累计筛余为 94%～75%。

表 3-4 级配类别

类别	Ⅰ	Ⅱ	Ⅲ
级配区	2 区	1、2、3 区	

3.9.3　天然砂中含泥量

天然砂中含泥量应符合表 3 - 5 的规定。

表 3 - 5　天然砂中的含泥量

类别	Ⅰ	Ⅱ	Ⅲ
含泥量(按质量计)/%	≤1.0	≤3.0	≤5.0

3.9.4　人工砂或混合砂中石粉含量

人工砂或混合砂中石粉含量应符合表 3 - 6 的规定。

表 3 - 6　人工砂或混合砂中石粉含量

项目		Ⅰ 类	Ⅱ 类	Ⅲ 类
石粉含量/%	MB 值 <1.4 或合格	≤10		
	MB 值 ≥1.4 或不合格	≤1.0	≤3.0	≤5.0

3.9.5　表观密度、堆积密度和空隙率

《建设用砂》中规定:砂表观密度应不小于 2 500 kg/m³;松散堆积密度应不小于 1 350 kg/m³;空隙率应不大于44% 。

3.10　检验项目

天然砂的出厂检验项目为:颗粒级配、细度模数、松散堆积密度、含泥量、泥块含量、云母含量。人工砂的出厂检验项目为:颗粒级配、细度模数、松散堆积密度、石粉含量(含亚甲蓝试验)、泥块含量、坚固性。当采用新产源的砂时,供货单位应进行全部项目的检验。

砂进场时至少应检验颗粒级配、含泥量、泥块含量;对于海砂或有氯离子污染的砂,还应检验氯离子含量;对于海砂,还应检验贝壳含量;对于人工砂和混合砂,还应检验石粉含量。对于重要工程或特殊工程,应根据工程要求增加检验项目。对于长期处于潮湿环境的重要混凝土结构所用的砂,应进行碱活性检验。对其他性能的合格性有怀疑时,应予检验。

3.11　判定规则

检验(含复检)后,各项性能指标都符合相应类别规定时,可判该产品合格。

颗粒级配、含泥量、石粉含量、泥块含量、有害物质和坚固性中有一项性能指标不符合标准要求时,则应从同一批产品中加倍取样,对不符合标准要求的项目进行复检。复检后,该项指标符合标准要求时,可判该类产品合格,仍然不符合标准要求时,则该批产品判为不合格。

第4章 石试验

石试验包括颗粒级配、表观密度、堆积密度与空隙率、含泥量、泥块含量、针片状含量、吸水率、含水率、坚固性、有机物含量、硫化物与硫酸盐含量、强度和碱集料反应试验。本章仅介绍颗粒级配、表观密度、堆积密度与空隙率、含泥量和含水率等5项试验。

4.1 相关标准

GB/T 14685—2011 建设用卵石、碎石

4.2 编号与取样

4.2.1 编号

生产厂家按同品种、规格、适用等级及日产量每600 t为一批，不足600 t亦为一批，日产量超过2 000 t，按1 000 t为一批，不足1 000 t亦为一批。日产量超过5 000 t，按2 000 t为一批，不足2 000 t亦为一批。

应按连续进场的同厂家、同料源、同品种、同规格、同等级的产品分批编号验收。

采用大型工具（如火车、货船或汽车）运输的，应以400 m³或600 t为一验收批；采用小型工具（如拖拉机等）运输的，应以200 m³或300 t为一验收批；当石的质量比较稳定、进料量又比较大时，可以1 000 t为一验收批。不足上述数量时，也按一批计。

4.2.2 取样

4.2.2.1 取样方法

（1）在料堆上取样时，取样部位应均匀分布。取样前先将取样部位表层铲除，然后从不同部位随机抽取大致等质量的石子15份（在料堆的顶部、中部和底部均匀分布的15个不同部位取得），组成一组样品。

（2）从皮带运输机上取样时，应用接料器在皮带运输机机头的出料处用与皮带等宽的容器，全断面定时随机抽取大致等质量的石子8份，组成一组样品。

（3）从火车、汽车、货船上取样时，从不同部位和深度抽取大致等质量的石子16份，组成一组样品。

4.2.2.2 取样质量

单项试验的最少取样质量应符合表4-1的规定。当需做多项试验时，如确能保证试

样经一项试验后不致影响另一项试验的结果,可用同一试样进行多项不同的试验。

表 4-1　单项试验最少取样质量　　　　　　　　　　单位:kg

试验项目	最大骨料粒径/mm							
	9.5	16.0	19.0	26.5	31.5	37.5	63.0	75.0
颗粒级配	9.5	16.0	19.0	25.0	31.5	37.5	63.0	80.0
表观密度	8.0	8.0	8.0	8.0	12.0	16.0	24.0	24.0
堆积密度与空隙率	40.0	40.0	40.0	40.0	80.0	80.0	120.0	120.0
含泥量	8.0	8.0	24.0	24.0	40.0	40.0	80.0	80.0

4.2.2.3　试样处理

(1)将所取样品置于平板上,在自然状态下拌和均匀,并堆成堆体,然后沿互相垂直的两条直径把堆体分成大致相等的四份,取其中对角线的两份重新拌匀,再堆成堆体。重复上述过程,直至把样品缩分到试验所需量为止。

(2)堆积密度试验所用试样可不经缩分,在拌匀后直接进行试验。试验室的温度应保持在(20±5)℃。

4.3　颗粒级配试验

4.3.1　主要仪器设备

(1)鼓风干燥箱:能使温度控制在(105±5)℃;

(2)天平:量程不小于 10 kg,分度值 1 g;

(3)方孔筛:孔径为 2.36 mm、4.75 mm、9.50 mm、16.0 mm、19.0 mm、26.5 mm、31.5 mm、37.5 mm、53.0 mm、63.0 mm、75.0 mm 及 90 mm 的方孔筛各 1 个,并附有筛底和筛盖(筛框内径为 300 mm);

(4)摇筛机;

(5)搪瓷盘、毛刷等。

4.3.2　试验步骤

(1)按规定取样,并将试样缩分至略大于表 4-2 规定的量,烘干或风干后备用。

表 4-2　颗粒级配试验所需试样质量

最大粒径 /mm	9.5	16.0	19.0	26.5	31.5	37.5	63.0	75.0
最少试样质量/kg	1.9	3.2	3.8	5.0	6.3	7.5	12.6	16.0

(2)称取按表 4-2 规定量的试样一份,精确到 1 g。将试样倒入按孔径大小从上到下组合的套筛(附筛底)上,然后进行筛分。

（3）将套筛置于摇筛机上，摇 10 min；取下套筛，按筛孔大小顺序再逐个用手筛，筛至每分钟通过量小于试样总量的 0.1% 为止。通过的颗粒并入下一号筛中，并和下一号筛中的试样一起过筛，这样顺序进行，直至各号筛全部筛完为止。

注：当筛余颗粒的粒径大于 19.0 mm 时，在筛分过程中，允许用手指拨动颗粒。

（4）称出各号筛的筛余量，精确至 1 g。

4.3.3 结果计算

（1）计算分计筛余百分率：各号筛的筛余量与试样总量之比，计算精确至 0.1%。

（2）计算累计筛余百分率：该号筛的筛余百分率加上该号筛以上各筛余百分率之和，精确至 1%。筛分后，如各号筛的筛余量与筛底的剩余量之和同原试样质量之差超过原试样质量的 1% 时，应重新试验。

（3）根据各号筛的累计筛余百分率，采用修约值比较法，评定该试样的颗粒级配。

4.4 表观密度试验

4.4.1 液体比重天平法

4.4.1.1 主要仪器设备

（1）鼓风干燥箱：能使温度控制在 (105 ± 5) ℃；

（2）天平：量程不小于 5 kg，分度值不大于 5 g；其型号及尺寸应能允许在臂上悬挂盛试样的吊篮，并能将吊篮放在水中称量；

（3）吊篮：直径和高度均为 150 mm，由孔径为 1 ~ 2 mm 的筛网或钻有 2 ~ 3 mm 孔洞的耐锈蚀金属板制成；

（4）方孔筛：孔径为 4.75 mm 的筛 1 个；

（5）盛水容器：有溢流孔；

（6）温度计、搪瓷盘、毛巾等。

4.4.1.2 试验步骤

（1）按规定取样，并缩分至略大于表 4 - 3 规定的数量，风干后筛除小于 4.75 mm 的颗粒，然后洗刷干净，分为大致相等的两份备用。

表 4 - 3 表观密度试验所需试样质量

最大粒径/mm	<26.5	31.5	37.5	63.0	75.0
最少试样质量/kg	2.0	3.0	4.0	6.0	6.0

（2）取试样一份装入吊篮，并浸入盛水的容器中，液面至少高出试样表面 50 mm，浸水 24 h 后，移放到称量用的盛水容器中，并用上下升降吊篮的方法排除气泡（试样不得露出水面）。吊篮每升降一次约 1 s，升降高度为 30 ~ 50 mm。

（3）测定水温后（此时吊篮应全浸在水中），准确称出吊篮及试样在水中的质量，精确至 5 g。称量时盛水容器中水面的高度由容器的溢流孔控制。

（4）提起吊篮，将试样倒入浅盘，放在干燥箱中于 (105 ± 5) ℃下烘干至恒量，待冷却至室温后，称出其质量，精确至 5 g。

（5）称出吊篮在同样温度水中的质量，精确至 5 g。称量时盛水容器的水面高度仍由溢流孔控制。

注：试验时各项称量可以在 $15 \sim 25$ ℃范围内进行，但从试样加水静止的 2 h 起至试验结束，其温度变化不应超过 2 ℃。

4.4.1.3　结果计算

（1）石子的表观密度按式（4 -1）计算，精确至 10 kg/m³。

$$\rho_0 = \left(\frac{G_0}{G_0 + G_2 - G_1} - \alpha_t \right) \times \rho_水 \qquad (4-1)$$

式中　ρ_0——表观密度，kg/m³；

$\rho_水$——水的密度，1 000 kg/m³；

G_0——烘干后试样的质量，g；

G_1——吊篮及试样在水中的质量，g；

G_2——吊篮在水中的质量，g；

α_t——水温对表观密度影响的修正系数（见表 4 -4）。

表 4 -4　不同水温对碎石和卵石的表观密度影响的修正系数

水温/℃	15	16	17	18	19	20	21	22	23	24	25
a_t	0.002	0.003	0.003	0.004	0.004	0.005	0.005	0.006	0.006	0.007	0.008

（2）表观密度取 2 次试验结果的算术平均值，如两次试验结果之差大于 20 kg/m³，应重新试验。对颗粒材质不均匀的试样，如两次试验结果之差超过 20 kg/m³，可取 4 次试验结果的算术平均值。

4.4.2　广口瓶法

4.4.2.1　适用范围

本方法不宜用于测定最大粒径大于 37.5 mm 的碎石或卵石的表观密度。

4.4.2.2　主要仪器设备

（1）鼓风干燥箱：能使温度控制在 (105 ± 5) ℃；

（2）天平：量程不小于 2 kg，分度值 1 g；

（3）广口瓶：1 000 mL，磨口；

（4）方孔筛：孔径为 4.75 mm 的筛 1 个；

（5）玻璃片（尺寸约 100 mm × 100 mm）、温度计、搪瓷盘、毛巾等。

4.4.2.3　试验步骤

（1）按规定取样，并缩分至略大于表 4 -3 规定的数量，风干后筛除小于 4.75 mm 的颗粒，然后洗刷干净，分为大致相等的两份备用。

（2）将试样浸水饱和,然后装入广口瓶中。装试样时,广口瓶应倾斜放置,注入饮用水,用玻璃片覆盖瓶口。以上下左右摇晃的方法排除气泡。

（3）气泡排尽后,向瓶中添加饮用水,直至水面凸出瓶口边缘。然后用玻璃片沿瓶口迅速滑行,使其紧贴瓶口水面。擦干瓶外水分后,称出试样、水、瓶和玻璃片总质量,精确至 1 g。

（4）将瓶中试样倒入浅盘,放在干燥箱中于（105±5）℃下烘干至恒量,待冷却至室温后,称出其质量,精确至 1 g。

（5）将瓶洗净并重新注入饮用水,用玻璃片紧贴瓶口水面,擦干瓶外水分后,称出水、瓶和玻璃片总质量,精确至 1 g。

注:试验时各项称量可以在 15～25℃ 范围内进行,但从试样加水静止的 2 h 起至试验结束,其温度变化不应超过 2℃。

4.4.2.4 结果计算

（1）石子的表观密度按式（4-2）计算,精确至 10 kg/m³。

$$\rho_0 = \left(\frac{G_0}{G_0 + G_2 - G_1} - \alpha_t \right) \times \rho_水 \qquad (4-2)$$

式中　ρ_0——表观密度,kg/m³;

　　　$\rho_水$——水的密度,1 000 kg/m³;

　　　G_0——烘干后试样的质量,g;

　　　G_1——试样、水、瓶和玻璃片的总质量,g;

　　　G_2——水、瓶和玻璃片的总质量,g;

　　　a_t——水温对表观密度影响的修正系数（见表4-4）。

（2）表观密度取两次试验结果的算术平均值,精确至 10 kg/m³。如两次试验结果之差大于 20 kg/m³,应重新试验。对颗粒材质不均匀的试样,如两次试验结果之差超过 20 kg/m³,可取 4 次试验结果的算术平均值。

（3）采用修约值比较法进行评定。

4.5　堆积密度与空隙率试验

堆积密度分为松散堆积密度和紧密堆积密度,通常松散堆积密度简称堆积密度,紧密堆积密度简称紧密密度。相应的空隙率也分为松散堆积密度空隙率和紧密堆积密度空隙率。

4.5.1　主要仪器设备

（1）天平:量程不小于 10 kg,分度值不大于 10 g;

（2）磅秤:量程不小于 50 kg 或 100 kg,分度值不大于 50 g;

（3）容量筒:容量筒规格见表 4-5;

（4）垫棒:直径 16 mm,长 600 mm 的圆钢;

（5）直尺、小铲等。

表4-5 容量筒的规格要求

最大粒径/mm	容量筒容积/L	容量筒规格		
		内径/mm	净高/mm	壁厚/mm
9.5,16.0,19.0,26.5	10	208	294	2
31.5,37.5	20	294	294	3
53.0,63.0,75.0	30	360	294	4

4.5.2 试验步骤

（1）按规定取样，烘干或风干后，拌匀并把试样分为大致相等的两份备用。

（2）松散堆积密度：取试样一份，用小铲将试样从容量筒口中心上方50 mm处徐徐倒入，让试样以自由落体落下，当容量筒上部试样呈堆体，且容量筒四周溢满时，即停止加料。除去凸出容量口表面的颗粒，并以合适的颗粒填入凹陷部分，使表面稍凸起部分和凹陷部分的体积大致相等（试验过程应防止触动容量筒），称出试样和容量筒总质量。

（3）紧密堆积密度：取试样一份分三次装入容量筒。装完第一层后，在筒底垫放一根直径为16 mm的圆钢，将筒按住，左右交替颠击地面各25次，再装入第二层，第二层装满后用同样方法颠实（但筒底所垫钢筋的方向与第一层时的方向垂直），然后装入第三层，用上面方法颠实。试样装填完毕，再加试样直至超过筒口，用钢尺沿筒口边缘刮去高出的试样，并用适合的颗粒填平凹处，使表面稍凸起部分与凹陷部分的体积大致相等，称取试样和容量筒的总质量，精确至10 g。

4.5.3 结果计算

（1）松散堆积密度或紧密堆积密度按式（4-3）计算，精确至10 kg/m³：

$$\rho_1 = \frac{G_1 - G_2}{V} \qquad (4-3)$$

式中 ρ_1——松散堆积密度或紧密堆积密度，kg/m³；

G_1——容量筒和试样总质量，g；

G_2——容量筒质量，g；

V——容量筒的容积，L。

（2）空隙率按式（4-4）计算，精确至1%：

$$\varepsilon_0 = \left(1 - \frac{\rho_1}{\rho_0}\right) \times 100\% \qquad (4-4)$$

式中 ε_0——空隙率，%；

ρ_1——按式（4-3）计算的试样的松散（或紧密）堆积密度，kg/m³；

ρ_0——按式（4-2）计算的试样表观密度，kg/m³。

（3）堆积密度取两次试验结果的算术平均值，精确至10 kg/m³。空隙率取两次试验结果的算术平均值，精确至1%。

（4）采用修约值比较法进行评定。

4.5.4 容量筒的校准方法

容量筒的校准方法同3.5.4节。

4.6 含泥量试验

4.6.1 主要仪器设备

(1) 鼓风干燥箱:能使温度控制在(105 ± 5) ℃;

(2) 天平:量程不小于10 kg,分度值1 g;

(3) 方孔筛:孔径为75 μm及1.18 mm的筛各1个;

(4) 容器:要求淘洗试样时,保持试样不溅出;

(5) 搪瓷盘、毛刷等。

4.6.2 试验步骤

(1) 按规定取样,并将试样缩分至略大于表4-6规定的2倍数量,放在干燥箱中于(105 ± 5) ℃下烘干至恒量,待冷却至室温后,分为大致相等的两份备用。

表4-6 含泥量试验所需试样数量

最大粒径/mm	9.5	16.0	19.0	26.5	31.5	37.5	63.0	75.0
最少试样质量/kg	2.0	2.0	6.0	6.0	10.0	10.0	20.0	20.0

(2) 根据试样的最大粒径,称取按表4-6规定数量的试样一份,精确到1 g。将试样倒入淘洗容器中,注入清水,使水面高出试样上表面150 mm,充分搅拌均匀后,浸泡2 h,然后用手在水中淘洗试样,使尘屑、淤泥和黏土与砂粒分离,把浑水缓缓倒入1.18 mm及75 μm的套筛上(1.18 mm筛放在75 μm筛上面),滤去粒径小于75 μm的颗粒。试验前筛子的两面应先用水润湿,在整个过程中应小心防止粒径大于75 μm颗粒流失。

(3) 向容器中注入清水,重复上述操作,直至容器内的水目测清澈为止。

(4) 用水淋洗剩余在筛上的细粒,并将75 μm筛放在水中(使水面略高出筛中石子颗粒的上表面)来回摇动,以充分洗掉粒径小于75 μm的颗粒,然后将两只筛的筛余颗粒和清洗容器中已经洗净的试样一并倒入搪瓷盘,放在干燥箱中于(105 ± 5) ℃下烘干至恒量,待冷却至室温后,称出其质量,精确至1 g。

4.6.3 结果计算

(1) 含泥量按式(4-5)计算,精确至0.1%:

$$Q_a = \frac{G_1 - G_2}{G_1} \times 100\% \qquad (4-5)$$

式中 Q_a——含泥量,%;

G_1——试验前烘干试样的质量,g;

G_2——试验后烘干试样的质量,g。

(2)含泥量取两个试样的试验结果算术平均值作为测定值,精确至 0.1%。

(3)采用修约值比较法进行评定。

4.7　含水率试验

4.7.1　主要仪器设备

(1)鼓风干燥箱:能使温度控制在(105 ±5)℃;

(2)天平:量程不小于 10 kg,分度值 1 g;

(3)小铲、搪瓷盘、毛巾、刷子等。

4.7.2　试验步骤

(1)按规定取样,并将试样缩分至约 4.0 kg,拌匀后分为大致相等的两份备用。

(2)称取试样一份,精确至 1 g,放在干燥箱中于(105 ±5)℃下烘干至恒重,待冷却至室温后,称出其质量,精确至 1 g。

4.7.3　结果计算

含水率按式(4-6)计算,精确至 0.1%:

$$Z = \frac{G_1 - G_2}{G_2} \times 100\% \qquad (4-6)$$

式中　Z——含水率,%;

G_1——烘干前的试样质量,g;

G_2——烘干后的试样质量,g。

含水率以两次试验结果的算术平均值作为测定值,精确至 0.1%。

4.8　技术要求

《建设用卵石、碎石》中将石按技术要求分为Ⅰ类、Ⅱ类、Ⅲ类,其中Ⅰ类宜用于强度等级大于 C60 的混凝土;Ⅱ类宜用于强度等级为 C30 ~ C60 及抗冻、抗渗或其他要求的混凝土;Ⅲ类宜用于强度等级小于 C30 的混凝土和建筑砂浆。

4.8.1　颗粒级配

碎石或卵石的颗粒级配应符合表 4-7 的规定。

表 4-7 颗粒级配

	公称粒径/mm 累计筛余/% 方筛孔/mm	2.36	4.75	9.50	16.0	19.0	26.5	31.5	37.5	53.0	63.0	75.0	90
连续粒级	5~16	95~100	85~100	30~60	0~10	0							
	5~20	95~100	90~100	40~80	—	0~10	0						
	5~25	95~100	90~100	—	30~70	—	0~5	0					
	5~31.5	95~100	90~100	70~90	—	15~45	—	0~5	0				
	5~40	—	95~100	70~90	—	30~65	—	—	0~5	0			
单粒粒级	5~10	95~100	80~100	0~15	0								
	10~16		95~100	80~100	0~15								
	10~20		95~100	85~100	—	0~15	0						
	16~25			95~100	55~70	25~40	0~10						
	16~31.5			95~100	—	85~100	—	0~10	0				
	20~40				95~100	—	80~100	—	0~10	0			
	40~80					95~100	—	—	70~100	—	30~60	0~10	0

4.8.2 含泥量

碎石或卵石的含泥量应符合表 4-8 的规定。

表 4-8 含泥量

类别	Ⅰ类	Ⅱ类	Ⅲ类
含泥量(按质量计)/%	≤0.5	≤1.0	≤1.5

4.8.3 表观密度、堆积密度和空隙率

《建设用卵石、碎石》中规定:石表观密度应不小于 2 600 kg/m³;连续级配松散堆积空隙率应符合表 4-9 的规定。

表 4 – 9　连续级配松散堆积空隙率

类别	Ⅰ类	Ⅱ类	Ⅲ类
空隙率/%	≤43	≤45	≤47

4.9　检验项目

卵石和碎石的出厂检验项目为:颗粒级配、含泥量、泥块含量、针片状含量。当采用新产源的石时,供货单位应进行全部项目的检验。

卵石和碎石进场时至少应检验颗粒级配、含泥量、泥块含量和针片状颗粒含量。当混凝土强度等级大于 C60 时,应进行岩石抗压强度检验。对于重要工程或特殊工程,应根据工程要求增加检验项目。对于长期处于潮湿环境的重要混凝土结构所用的石,应进行碱活性检验。对其他性能的合格性有怀疑时,应予检验。

4.10　判定规则

检验(含复检)后,各项性能指标都符合相应类别规定时,可判为该产品合格。

颗粒级配、含泥量、泥块含量、针片状颗粒含量、有害物质、坚固性和强度中有一项性能指标不符合标准要求时,则应从同一批产品中加倍取样,对不符合标准要求的项目进行复检。复检后,该项指标符合标准要求时,可判该类产品合格,仍然不符合标准要求时,则该批产品判为不合格。

第5章 混凝土试验

5.1 普通混凝土拌合物性能试验

普通混凝土拌合物性能试验包括稠度试验、凝结时间试验、泌水与压力泌水试验、表观密度试验、含气量试验以及配合比分析试验。本节根据需要选取部分试验内容。

5.1.1 相关标准

GB/T 50080—2002 普通混凝土拌合物性能试验方法标准

5.1.2 取样及试样的制备

5.1.2.1 取样

同一组混凝土拌合物的取样应从同一盘混凝土或同一车混凝土中取样,取样量应多于试验所需量的 1.5 倍,且不宜小于 20 L。

混凝土拌合物的取样应具有代表性,宜采用多次取样的方法。一般在同一盘混凝土或同一车混凝土中的约 1/4 处、1/2 处和 3/4 处之间分别取样,从第一次取样到最后一次取样不宜超过 15 min,然后人工搅拌均匀。

从取样完毕到开始做各项性能试验不宜超过 5 min。用于交货检验的商品混凝土试样的采取及坍落度试验应在混凝土运到交货地点时开始算起 20 min 内完成。

用于出厂检验的混凝土坍落度试样,每 100 盘相同配合比的混凝土取样不应少于一次,一个工作班相同配合比的混凝土不足 100 盘时,取样不应少于一次。

用于交货检验的混凝土坍落度试样应在混凝土浇注地点随机抽取,取样频率应符合下列规定。

(1) 每 100 盘且不超过 100 m³ 同配合比的混凝土,取样不得少于一次。

(2) 每工作班拌制的同一配合比的混凝土不足 100 盘时,取样不得少于一次。

(3) 一次连续浇注超过 1 000 m³,同一配合比的混凝土每 200 m³ 取样不得少于一次。

(4) 每一楼层、同一配合比的混凝土,取样不得少于一次。

公路水泥混凝土路面工程拌合物主要检验项目和频率应符合下列规定。

(1) 坍落度及其均匀性:每工班测 3 次,有变化时随时测定;

(2) 表观密度:每工班测 1 次;

(3) 凝结时间:冬、夏季施工,气温最高、最低时,每工班至少测一两次;

（4）含气量：高速公路和一级公路每工班测 2 次，有抗冻要求不少于 3 次；其他公路每工班测 1 次，有抗冻要求不少于 3 次。

5.1.2.2　试样的制备

（1）在实验室制备混凝土拌合物时，拌合时实验室的温度应保持在（20±5）℃，所用材料的温度应与实验室温度保持一致。

注：需要模拟施工条件下所用的混凝土时，所用原材料的温度宜与施工现场保持一致。

（2）试验室拌和混凝土时，材料用量以质量计。称量精度：骨料为±1%；水泥、水、掺合料、外加剂均为±0.5%。

（3）每盘混凝土拌合物最小搅拌量与骨料最大粒径有关，骨料最大粒径为 31.5 mm及以下时，拌合物最小搅拌量为 15 L；骨料最大粒径为 40 mm 时，拌合物最小搅拌量为 25 L。当采用机械搅拌时，其搅拌量不应小于搅拌机额定搅拌量的 1/4。

（4）主要仪器设备：混凝土搅拌机（容量为 60～100 L）；磅秤（量程不小于 50 kg，分度值不大于 50 g）；天平（量程不小于 5 kg，分度值不大于 1 g）；量筒（200 mL、1000 mL）；拌板（1.5 m×2 m 左右）；拌铲；盛器等。

（5）人工拌合法。

① 按计算的原材料用量称量各种原材料。

② 将拌板和拌铲润湿后，将细集料倒在拌板上，然后加入胶凝材料，用拌铲反复翻拌，直至充分混合，颜色均匀，再加入粗集料，翻拌至混合均匀为止。

③ 将干混合料堆成锥形，在中间做一凹槽，将已称量好的水倒入一半左右（勿使水流出），然后仔细翻拌，并徐徐加入剩余的水，继续翻拌，每翻拌一次用铲在混合料上铲切一次，直至拌和均匀为止。

④ 拌和时力求动作敏捷，拌和时间从加水时算起，应符合标准规定：拌合物体积为 30 L以下时 4～5 min；拌合物体积为 30～50 L 时 5～9 min；拌合物体积为 51～75 L时 9～12 min。

⑤ 混凝土拌和完毕后，应根据试验要求，立即进行测试或试件成型。从开始加水时算起，全部操作须在 30 min 内完成。

（6）机械搅拌法。

① 按计算的原材料用量称量各种原材料。

② 正式搅拌混凝土前需对搅拌机挂浆，即用按配合比要求的胶凝材料、砂和水组成的砂浆和少量石子，在搅拌机中进行涮膛，然后倒出并刮去多余的砂浆。其目的是避免正式拌和时影响拌合物的实际配合比。

③ 开动搅拌机，向搅拌机内依次加入石子、砂和胶凝材料，干拌均匀，再将需用的水徐徐倒入搅拌机内一起拌和，全部加料时间不超过 2 min，水全部加入后，再拌和 2 min。

④ 将拌和物自搅拌机中卸出，倾倒在拌板上，再经人工拌和 1～2 min，即可进行测试或试件成型。从开始加水时算起，全部操作必须在 30 min 内完成。

5.1.3　稠度试验——坍落度与坍落扩展度法

5.1.3.1　目的与要求

稠度是评价混凝土拌合物工作性能的重要指标之一,坍落度与坍落扩展度法适用于骨料最大粒径不大于40 mm、坍落度不小于10 mm的混凝土拌合物稠度测定。

5.1.3.2　主要仪器设备

（1）混凝土坍落度仪:坍落度仪由坍落度筒、漏斗、测量标尺、底板和捣棒等组成,其中坍落度筒顶部内径为(100 ± 2) mm,底部内径为(200 ± 2) mm,垂直高度为(300 ± 2) mm,坍落度筒及捣棒见图5-1;

（2）小铲、镘刀、钢直尺等。

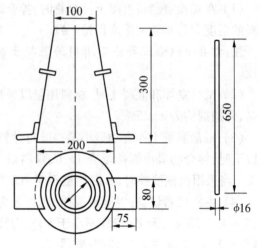

图5-1　坍落度筒及捣棒(单位:mm)

5.1.3.3　试验步骤

（1）湿润坍落度筒、漏斗、捣棒、底板、小铲和镘刀等用具,在坍落度筒内壁和底板上应无明水。底板应放置在坚实水平面上,并把坍落度筒放在底板中心,然后用脚踩住两边的脚踏板,坍落度筒在装料时应保持固定的位置。

（2）把按要求取得的混凝土试样用小铲分三层均匀地装入坍落度筒内,使捣实后每层高度为筒高的1/3左右。每层用捣棒插捣25次。插捣应沿螺旋方向由外向中心进行,各次插捣应在截面上均匀分布。插捣筒边混凝土时,捣棒可以稍稍倾斜。插捣底层时,捣棒应贯穿整个深度,插捣第二层和顶层时,捣棒应插透本层至下一层的表面;浇灌顶层时,混凝土应灌到高出筒口。插捣过程中,如混凝土沉落到低于筒口,则应随时添加。顶层插捣完后,刮去多余的混凝土,并用抹刀抹平。

（3）清除筒边底板上的混凝土后,垂直平稳地提起坍落度筒。坍落度筒的提离过程应在5~10 s内完成;从开始装料到提坍落度筒的整个过程应不间断地进行,并应在150 s内完成。

（4）提起坍落度筒后,测量筒高与坍落后混凝土试体最高点之间的高度差,即为该混凝土拌和物的坍落度值;坍落度筒提离后,如混凝土发生崩坍或一边剪坏现象,则应重新取样另行测定;如第二次试验仍出现上述现象,则表示该混凝土和易性不好,应予记录备查。

（5）观察坍落后的混凝土试体的黏聚性及保水性。黏聚性的检查方法是用捣棒在已坍落的混凝土锥体侧面轻轻敲打,此时如果锥体逐渐下沉,则表示黏聚性良好,如果锥体倒塌、部分崩裂或出现离析现象,则表示黏聚性不好。保水性以混凝土拌合物稀浆析出的程度来评定,坍落度筒提起后如有较多的稀浆从底部析出,锥体部分的混凝土也因失浆而骨料外露,则表明此混凝土拌合物的保水性能不好;如坍落度筒提起后无稀浆或仅有少量稀浆自底部析出,则表示此混凝土拌合物保水性良好。

（6）当混凝土拌合物的坍落度大于 220 mm 时,用钢尺测量混凝土扩展后最终的最大直径和最小直径,在这两个直径之差小于 50 mm 的条件下,用其算术平均值作为坍落扩展度值;否则,此次试验无效。如果发现粗骨料在中央集堆或边缘有水泥浆析出,表示此混凝土拌和物抗离析性不好,应予记录。

5.1.3.4　结果计算

混凝土拌和物坍落度和坍落扩展度值以毫米为单位,测量精确至 1 mm,结果表达修约至 5 mm。

5.1.4　表观密度试验

5.1.4.1　目的与要求

本方法适用于测定混凝土拌合物捣实后的单位体积质量(即表观密度)。

5.1.4.2　主要仪器设备

（1）容量筒:金属制成的圆筒,两旁装有提手。对骨料最大粒径不大于 40 mm 的拌合物采用容积为 5 L 的容量筒,其内径与内高均为（186 ±2）mm,筒壁厚为 3 mm;骨料最大粒径大于 40 mm 时,容量筒的内径与内高均应大于骨料最大粒径的 4 倍。容量筒上缘及内壁应光滑平整,顶面与底面应平行并与圆柱体的轴垂直。

容量筒容积应予以标定,标定方法可采用一块能覆盖住容量筒顶面的玻璃板,先称出玻璃板和空桶的质量,然后向容量筒中灌入清水,当水接近上口时,一边不断加水,一边把玻璃板沿筒口徐徐推入盖严,应注意使玻璃板下不带入任何气泡;然后擦净玻璃板面及筒壁外的水分,将容量筒连同玻璃板放在台秤上称其质量;两次质量之差（单位:kg）即为容量筒的容积（单位:L）。

（2）台秤:量程不小于 50 kg,分度值不大于 50 g。

（3）振动台:应符合《JG/T 3020　混凝土试验室用振动台》中技术要求的规定。

（4）小铲、捣棒、拌板、镘刀等。

5.1.4.3　试验步骤

（1）用湿布把容量筒内外擦干净,称出容量筒质量,精确至 50 g。

（2）混凝土的装料及捣实方法应根据拌合物的稠度而定。坍落度不大于 70 mm 的混凝土,用振动台振实为宜;大于 70 mm 的用捣棒捣实为宜。

采用捣棒捣实时,应根据容量筒的大小决定分层与插捣次数:用 5 L 容量筒时,混凝土拌和物应分两层装入,每层的插捣次数应为 25 次;用大于 5 L 的容量筒时,每层混凝土的高度不应大于 100 mm,每层插捣次数应按每 10 000 mm² 截面不小于 12 次计算。各次插捣应由边缘向中心均匀地插捣,插捣底层时捣棒应贯穿整个深度,插捣第二层时,捣棒应插透本层至下一层的表面;每一层捣完后用橡皮锤轻轻沿容器外壁敲打 5 ～ 10 次,进行振实,直至拌和物表面插捣孔消失,并不见大气泡为止。

采用振动台振实时,应一次将混凝土拌合物灌到高出容量筒口。装料时可用捣棒稍加插捣,振动过程中如混凝土低于筒口,应随时添加混凝土,振动直至表面出浆为止。

（3）用刮尺将筒口多余的混凝土拌和物刮去,表面如有凹陷应填平;将容量筒外壁擦净,称出混凝土试样与容量筒总质量,精确至 50 g。

5.1.4.4 结果计算

混凝土拌和物表观密度的计算应按式(5-1)进行,精确至 10 kg/m³。

$$\gamma_h = \frac{m_2 - m_1}{V} \times 1000 \qquad (5-1)$$

式中 γ_h——表观密度,kg/m³;

m_1——容量筒质量,kg;

m_2——容量筒和试样质量,kg;

V——容量筒容积,L。

5.2 普通混凝土力学性能试验

普通混凝土力学性能试验包括抗压强度试验、轴心抗压强度试验、静力受压弹性模量试验、劈裂抗拉强度试验以及抗折强度试验。本节根据需要仅选取部分试验内容。

5.2.1 相关标准

GB/T 50081—2002 普通混凝土力学性能试验方法标准

5.2.2 取样及试样的制备

5.2.2.1 取样

混凝土的取样应符合 5.1 的有关规定,普通混凝土力学性能试验应以 3 个试件为一组,每组试件所用的拌和物应从同一盘混凝土或同一车混凝土中取样。

5.2.2.2 试件的尺寸、形状和公差

(1)试件的尺寸。

试件的尺寸应根据混凝土中骨料的最大粒径按表 5-1 选定。

表 5-1 混凝土试件尺寸选用表

试件横截面尺寸/mm×mm	骨料最大粒径/mm	
	劈裂抗拉强度试验	其他试验
100×100	20	31.5
150×150	40	40
200×200		63

为保证试件的尺寸,试件应采用符合《JG 3019 混凝土试模》标准规定的试模制作。

(2)试件的形状。

抗压强度和劈裂抗拉强度试件应符合下列规定:边长为 150 mm 的立方体试件是标准试件,边长为 100 mm 和 200 mm 的立方体试件是非标准试件。在特殊情况下,可采用

$\phi 150$ mm $\times 300$ mm 的圆柱体标准试件或 $\phi 100$ mm $\times 200$ mm 和 $\phi 200$ mm $\times 400$ mm 的圆柱体非标准试件。

抗折强度试件应符合下列规定:150 mm $\times 150$ mm $\times 600$ mm(或 550 mm)的棱柱体试件是标准试件,100 mm $\times 100$ mm $\times 400$ mm 的棱柱体试件是非标准试件。试件在长向中部1/3区段内不得有表面直径超过 5 mm、深度超过 2 mm 的孔洞。

(3)尺寸公差。

试件的承压面的平面度公差不得超过 0.000 5d(d 为边长)。试件的相邻面间的夹角应为90°,其公差不得超过 0.5°。试件各边长、直径和高的尺寸的公差不得超过 1 mm。

5.2.2.3　试件的制作

(1)混凝土试件的制作应符合下列规定。

成型前,应检查试模尺寸且试模尺寸应符合标准规定要求;试模内表面应涂一薄层矿物油或其他不与混凝土发生反应的脱模剂。

在实验室拌制混凝土时,其材料用量应以质量计,称量的精度:水泥、掺合料、水和外加剂为 ±0.5% ;骨料为 ±1% 。

取样或实验室拌制的混凝土应在拌制后尽量短的时间内成型,一般不宜超过 15 min。

根据混凝土拌和物的稠度确定混凝土成型方法,坍落度不大于 70 mm 的混凝土宜用振动振实,大于 70 mm 的宜用捣棒人工捣实;对于黏度较大以及含气量较大的混凝土拌和物,虽然坍落度大于 70 mm,也可以采用振动振实;检验现浇混凝土或预制构件的混凝土,试件成型方法宜与实际采用的方法相同。

(2)混凝土试件制作应按下列步骤进行。

取样或拌制好的混凝土拌合物应用铁锹至少再来回拌和三次。根据混凝土拌和物的稠度确定的成型方法成型试件。

①用振动台振实制作试件应按下述方法进行:将混凝土拌和物一次装入试模,装料时应用抹刀沿各试模壁插捣,并使混凝土拌合物高出试模口。试模应附着或固定在振动台上,振动时试模不得有任何跳动,振动应持续到表面出浆为止;不得过振。

②用人工插捣制作试件应按下述方法进行:混凝土拌和物应分两层装入模内,每层的装料厚度大致相等。插捣应按螺旋方向从边缘向中心均匀进行,每层插捣次数为10 000 mm² 截面积内不少于 12 次;在插捣底层混凝土时,捣棒应达到试模底部;插捣上层时,捣棒应贯穿上层后插入下层 20 ～ 30 mm;插捣时捣棒应保持垂直,不得倾斜。然后应用抹刀沿试模内壁插拔数次。插捣后应用橡皮锤轻轻敲击试模四周,直至插捣棒留下的空洞消失为止。

③用插入式振捣棒振实制作试件应按下述方法进行:将混凝土拌和物一次装入试模,装料时应用抹刀沿各试模壁插捣,并使混凝土拌和物高出试模口。宜用直径为 25 mm 的插入式振捣棒,插入试模振捣时,振捣棒距试模底板 10 ～ 20 mm 且不得触及试模底板,振动应持续到表面出浆为止,且应避免过振,以防止混凝土离析;一般振捣时间为 20 s。振捣棒拔出时要缓慢,拔出后不得留有孔洞。

(3)刮除试模上口多余的混凝土,待混凝土临近初凝时,用抹刀抹平。

5.2.2.4 试件的养护

（1）试件成型后应立即用不透水的薄膜覆盖表面。

（2）采用标准养护的试件，应在温度为(20±5)℃的环境中静置一昼夜至二昼夜，然后编号、拆模。拆模后应立即放入温度为(20±2)℃、相对湿度为95%以上的标准养护室中养护，或在温度为(20±2)℃的不流动的Ca(OH)₂饱和溶液中养护。标准养护室内的试件应放在支架上，彼此间隔10～20 mm，试件表面应保持潮湿，并不得被水直接冲淋。

（3）同条件养护试件的拆模时间可与实际构件的拆模时间相同，拆模后，试件仍需保持同条件养护。

（4）当检验结构或构件拆模、出池、出厂、吊装、预应力筋张拉或放张，以及施工期间需短暂负荷的混凝土强度时，其试件的养护条件应与施工中采用的养护条件相同。

（5）标准养护龄期为28d(从搅拌加水开始计时)。

5.2.3 抗压强度试验

5.2.3.1 目的与要求

抗压强度是评价混凝土力学性能的重要指标之一，本方法适用于测定混凝土立方体试件的抗压强度。

5.2.3.2 主要仪器设备

（1）压力试验机：测量精度为±1%，试件破坏荷载应大于压力机全量程的20%且小于压力机全量程的80%。应具有加荷速度指示装置或加荷速度控制装置，并应能均匀、连续地加荷。上下压板尺寸不小于试件的承压面积，厚度不应小于25 mm，承压面的平面度公差为0.04 mm，表面硬度不小于55HRC；硬化层厚度约为5 mm。

（2）防崩裂网罩：混凝土强度等级大于等于C60时，试件周围应设防崩裂网罩。

5.2.3.3 试验步骤

（1）试件从养护地点取出后应及时进行试验，将试件表面与上下承压板面擦干净。

（2）将试件安放在试验机的下压板或垫板上，试件的承压面应与成型时的顶面垂直。试件的中心应与试验机下压板中心对准，开动试验机，当上压板与试件或钢垫板接近时，调整球座，使接触均衡。

（3）在试验过程中应连续均匀地加荷，混凝土强度等级小于C30时，加荷速度为0.3～0.5 MPa/s；混凝土强度等级在C30～C60(含C30)之间时，加荷速度为0.5～0.8 MPa/s；混凝土强度等级大于等于C60时，加荷速度为0.8～1.0 MPa/s。

（4）当试件接近破坏开始急剧变形时，应停止调整试验机油门，直至破坏。然后记录破坏荷载。

5.2.3.4 结果计算

（1）混凝土立方体抗压强度应按式(5-2)计算，精确至0.1 MPa。

$$f_{cc} = \frac{F}{A} \tag{5-2}$$

式中　f_{cc}——混凝土立方体抗压强度，MPa；

　　　F——试件破坏荷载，N；

A——试件承压面积，mm^2。

（2）强度值的确定应符合下列规定：三个试件测值的算术平均值作为该组试件的强度值（精确至 0.1 MPa）；三个测值中的最大值或最小值中如有一个与中间值的差值超过中间值的 15% 时，则把最大及最小值一并舍除，取中间值作为该组试件的抗压强度值；如最大值和最小值与中间值的差均超过中间值的 15%，则该组试件的试验结果无效。

（3）混凝土强度等级小于 C60 时，用非标准试件测得的强度值均应乘以尺寸换算系数，对 200 mm×200 mm×200 mm 试件时为 1.05；对 100 mm×100 mm×100 mm 试件时为 0.95。当混凝土强度等级大于等于 C60 时，宜采用标准试件；使用非标准试件时，尺寸换算系数应由试验确定。

5.2.4　劈裂抗拉强度试验

5.2.4.1　目的与要求

劈裂抗拉强度是评价混凝土力学性能的重要指标之一，本方法适用于测定混凝土立方体试件的劈裂抗拉强度。

5.2.4.2　主要仪器设备

（1）压力试验机：测量精度为 ±1%，试件破坏荷载应大于压力机全量程的 20% 且小于压力机全量程的 80%。应具有加荷速度指示装置或加荷速度控制装置，并应能均匀、连续地加荷。

（2）钢制弧形垫块：半径为 75 mm，其横截面尺寸如图 5-2 所示，垫块的长度与试件相同。

（3）垫条：为三层胶合板制成，宽度为 20 mm，厚度为 3～4 mm，长度不小于试件长度，垫条不得重复使用。

（4）支架：为钢支架，如图 5-3 所示。

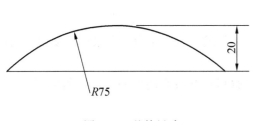

图 5-2　垫块尺寸

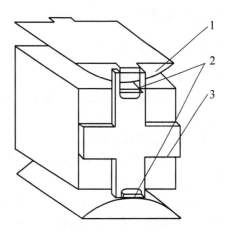

图 5-3　支架示意图
1—垫块；2—垫条；3—支架

5.2.4.3 试验步骤

(1) 试件从养护地点取出后应及时进行试验,将试件表面与上下承压板面擦干净。

(2) 将试件放在试验机下压板的中心位置,劈裂承压面和劈裂面应与试件成型时的顶面垂直;在上、下承压板与试件之间垫以圆弧形垫块及垫条各一条,垫块与垫条应与试件上、下面的中心线对准并与成型时的顶面垂直。宜把垫条及试件安装在定位架上使用(如图5-3所示)。

(3) 开动试验机,当上承压板与圆弧形垫块接近时,调整球座,使接触均衡。加荷应连续均匀,当混凝土强度等级小于C30时,加荷速度取0.02~0.05 MPa/s;当混凝土强度等级在C30~C60(包含C30)之间时,加荷速度取0.05~0.08 MPa/s;当混凝土强度等级大于等于C60时,加荷速度取0.08~0.10 MPa/s,至试件接近破坏时,应停止调整试验机油门,直至试件破坏,然后记录破坏荷载。

5.2.4.4 结果计算

(1) 混凝土劈裂抗拉强度应按式(5-3)计算,精确到0.01 MPa。

$$f_{ts} = \frac{2F}{\pi A} = 0.637\frac{F}{A} \tag{5-3}$$

式中 f_{ts}——混凝土劈裂抗拉强度,MPa;

  F——试件破坏荷载,N;

  A——试件承压面积,mm^2。

(2) 强度值的确定应符合下列规定:三个试件测值的算术平均值作为该组试件的强度值(精确至0.01 MPa);三个测值中的最大值或最小值中如有一个与中间值的差值超过中间值的15%时,则把最大及最小值一并舍去,取中间值作为该组试件的抗压强度值;如最大值与最小值与中间值的差均超过中间值的15%,则该组试件的试验结果无效。

(3) 采用100 mm×100 mm×100 mm非标准试件测得的劈裂抗拉强度值,应乘以尺寸换算系数0.85;当混凝土强度等级大于等于C60时,宜采用标准试件;使用非标准试件时,尺寸换算系数应由试验确定。

5.2.5 抗折强度试验

5.2.5.1 目的与要求

抗折强度是评价混凝土力学性能的重要指标之一,本方法适用于测定混凝土抗折强度。

5.2.5.2 主要仪器设备

(1) 压力试验机:测量精度为±1%,试件破坏荷载应大于压力机全量程的20%且小于压力机全量程的80%。

(2) 试验机应能施加均匀、连续、速度可控的荷载,并带有能使两个相等荷载同时作用在试件跨度3分点处的抗折试验装置,见图5-4。

(3) 支座:试件的支座和加荷头应采用直径为20~40 mm、长度不小于 $b+10$ mm 的硬钢圆柱,支座立脚点固定铰支,其他应为滚动支点。

5.2.5.3 试验步骤

(1) 试件从养护地点取出后应及时进行试验,将试件表面擦干净。

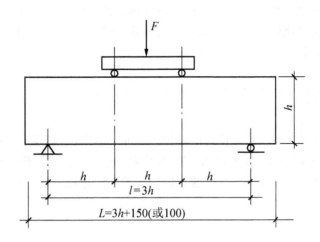

图 5-4　抗折试验装置

（2）按图 5-4 装置试件，安装尺寸偏差不得大于 1 mm。试件的承压面应为试件成型时的侧面。支座及承压面与圆柱的接触面应平稳、均匀，否则应垫平。

（3）施加荷载应保持均匀、连续。当混凝土强度等级小于 C30 时，加荷速度取 $0.02 \sim 0.05$ MPa/s；当混凝土强度等级在 C30 $\sim$ C60（含 C30）之间时，加荷速度取 $0.05 \sim 0.08$ MPa/s；当混凝土强度等级大于等于 C60 时，加荷速度取 $0.08 \sim 0.10$ MPa/s，至试件接近破坏时，应停止调整试验机油门，直至试件破坏，然后记录破坏荷载。

（4）记录试件破坏荷载的试验机示值及试件下边缘断裂位置。

5.2.5.4　结果计算

（1）若试件下边缘断裂位置处于两个集中荷载作用线之间，则混凝土抗折强度应按式（5-4）计算，精确至 0.1 MPa。

$$f_{\mathrm{f}} = \frac{Fl}{bh^2} \tag{5-4}$$

式中　f_{f}——混凝土抗折强度，MPa；

　　　F——试件破坏荷载，N；

　　　l——支座间跨度，mm；

　　　h——试件截面高度，mm；

　　　b——试件截面宽度，mm。

（2）抗折强度值的确定应符合下列规定：三个试件测值的算术平均值作为该组试件的强度值（精确至 0.1 MPa）；三个测值中的最大值或最小值中如有一个与中间值的差值超过中间值的 15% 时，则把最大及最小值一并舍去，取中间值作为该组试件的抗压强度值；如最大值和最小值与中间值的差均超过中间值的 15%，则该组试件的试验结果无效。

（3）3 个试件中若有 1 个折断面位于两个集中荷载之外，则混凝土抗折强度值按另两个试件的试验结果计算。若这两个测值的差值不大于这两个测值的较小值的 15% 时，则该组试件的抗折强度值按这两个测值的平均值计算，否则该组试件的试验无效。若有两个试件的下边缘断裂位置位于两个集中荷载作用线之外，则该组试件试验无效。

（4）当试件尺寸为 100 mm×100 mm×400 mm 非标准试件时，应乘以尺寸换算系数 0.85；当混凝土强度等级大于等于 C60 时，宜采用标准试件；使用非标准试件时，尺寸换算系数应由试验确定。

5.3 普通混凝土长期性能和耐久性能试验

普通混凝土长期性能和耐久性能试验包括抗冻性能试验、动弹性模量试验、抗氯离子渗透试验、抗水渗透试验、收缩试验、早期抗裂试验、受压徐变试验、碳化试验、混凝土中钢筋锈蚀试验、抗压疲劳强度试验、抗硫酸盐侵蚀试验和碱骨料反应试验。本节根据需要仅选取部分试验内容。

5.3.1 相关标准

GB/T 50082—2009　普通混凝土长期性能和耐久性能试验方法

5.3.2 取样及试样的制备

5.3.2.1 取样

制作每组长期性能及耐久性能试验的试件及其相应的对比所用的拌和物应根据不同要求从同一盘搅拌或同一车运送的混凝土中取出，或在实验室用机械或人工单独拌制。

5.3.2.2 试样的制作

成型前，应检查试模尺寸是否符合标准规定要求，试件成型时不应采用憎水性脱模剂。

在实验室拌制混凝土时，其材料用量应以质量计，称量的精度：水泥、掺合料、水和外加剂为 ±0.5%；骨料为 ±1%。

所有试件均应在拌制或取样后尽短时间内成型，一般不宜超过 15 min。

根据混凝土拌和物的稠度确定混凝土成型方法，坍落度不大于 70 mm 的混凝土宜用振动振实，大于 70 mm 的宜用捣棒人工捣实；检验现浇混凝土工程和预制构件质量的混凝土，试件的成型方法应与实际施工采用的方法相同。混凝土试件制作步骤同混凝土强度试件。在制作混凝土长期性能和耐久性能试验用试件时，宜同时制作与相应耐久性能试验龄期对应的混凝土立方体抗压强度用试件。

棱柱体试件宜采用卧式成型，埋有钢筋的试件在灌注混凝土及捣实时应特别注意钢筋和试模之间的混凝土能保持灌注密实及捣实良好。

用离心法、压浆法、真空作业法及喷射法等特殊方法成型的混凝土，其试件的制作应按相应的规定进行。

5.3.2.3 试件的养护

按各试验方法的具体规定，长期性能及耐久性能试验的试件有标准养护、同条件养护及自然养护等几种养护形式。

采用标准养护的试件成型后应覆盖表面，以防止水分蒸发，并应在室温为（20±5）℃情况下静置一至二昼夜，然后编号拆模。拆模后的试件应立即在温度为（20±2）℃、湿度为 95% 以上的标准养护室中养护,或在温度为 (20 ± 2)℃ 的不流动的 Ca(OH)₂ 饱和溶液中养护。在标准养护室内试件应放在架上,彼此间隔应为 10 ～ 20 mm,并应避免用水直接淋刷试件。

采用与构筑物或构件同条件养护的试件成型后即应覆盖,试件的拆模时间可与实际构件的拆模时间相同,拆模后,试件仍需保持同条件养护。

试验需要进行自然放置并晾干的试件应放置在干燥通风的室内,每块试件之间至少留有 10 ～ 20 mm 的间隙。

5.3.3　抗冻性能试验——快冻法

5.3.3.1　目的与要求

快冻法适用于在水中经快速冻融来测定混凝土的抗冻性能,快冻法抗冻性能指标可用能经受快速冻融循环的次数来表示,特别适用于抗冻性能要求高的混凝土。

5.3.3.2　试件尺寸

试验采用 100 mm × 100 mm × 400 mm 的棱柱体试件。混凝土试件每组 3 块,在试验过程中可连续使用。除制作冻融试件外,尚应制备同样形状尺寸、中心埋有温度传感器的测温试件,制作测温试件所用混凝土的抗冻性能应高于冻融试件。温度传感器不应采用钻孔后插入的方式埋入。

5.3.3.3　主要仪器设备

(1) 快速冻融装置:应符合现行行业标准《混凝土抗冻试验设备》JG/T 243 的规定,除应在测温试件中埋设温度传感器外,尚应在冻融箱内防冻液中心、中心与任何一个对角线的两端分别设有温度传感器。运转时冻融箱内防冻液各点温度的极差不得超过 2℃。

(2) 试件盒:宜采用具有弹性的橡胶材料制作,其内表面底部应有半径为 3 mm 橡胶突起部分,盒内加水后水面应至少高出试件顶面 5 mm,试件盒截面尺寸宜为 115 mm × 115 mm,试件盒长度宜为 500 mm。

(3) 称量设备:最大量程应为 20 kg,分度值不应超过 5 g。

(4) 动弹性模量测定仪:共振法或敲击法动弹性模量测定仪。

(5) 温度传感器(包括热电偶、电位差计)应在 − 20 ～ 20 ℃ 范围内测定试件中心温度,且测量精度应为 ±0.5℃。

5.3.3.4　试验步骤

(1) 在标准养护室内或同条件养护的试件应在养护龄期为 24 d 时提前将冻融试验的试件从养护地点取出,随后应将冻融试件放在 (20 ± 2)℃ 水中浸泡,浸泡时水面应高出试件顶面 20 ～ 30 mm。在水中浸泡试件为 4 d,试件应在 28 d 龄期时开始进行冻融试验。始终在水中养护的试件,当试件养护龄期达到 28d 时,可直接进行后续试验。对此种情况,应在试验报告中予以说明。

(2) 当试件养护龄期达到 28d 时应及时取出试件,用湿布擦除表面水分后应对外观尺寸进行测量、编号、称量试件初始质量 W_{0i},然后测定其横向基频的初始值 f_{0i}。

(3) 将试件放入试件盒内,试件应位于试件盒中心,然后将试件盒放入冻融箱内的试件架中,并向试件盒中注入清水。在整个试验过程中,盒内水位高度应始终保持至少高出试件顶面 5 mm。

（4）测温试件盒应放在冻融箱的中心位置。

（5）冻融循环过程应符合下列规定：

①每次冻融循环应在 2～4 h 内完成，且用于融化的时间不得少于整个冻融循环时间的 1/4；

②在冷冻和融化过程中，试件中心最低和最高温度应分别控制在（ -18 ±2）℃ 和（5 ±2）℃ 内，在任意时刻，试件中心温度不得高于 7℃，且不得低于 -20℃；

③每块试件从 3℃ 降至 -16℃ 所用的时间不得少于冷冻时间的 1/2；每块试件从 -16℃ 升至 3℃ 所用时间不得少于整个融化时间的 1/2，试件内外的温度差不宜超过 28℃；

④冷冻和融化之间的转换时间不宜超过 10 min。

（6）每隔 25 次冻融循环宜测量试件的横向基频 f_{ni}。测量前应先将试件表面浮渣清洗干净并擦干表面水分，然后应检查其外部损伤并称量试件的质量 W_{ni}。随后应按本书 5.3.4 测量横向基频。测完后，应迅速将试件调头重新装入试件盒内并加入清水，继续试验。试件的测量、称量及外观检查应迅速，待测试件应用湿布覆盖。

（7）当有试件停止试验被取出时，应另用其他试件填充空位。当试件在冷冻状态下因故中断时，试件应保持在冷冻状态，直至恢复冻融试验为止，并应将故障原因及暂停时间在试验结果中注明。试件在非冷冻状态下发生故障的时间不宜超过两个冻融循环的时间。在整个试验过程中，超过两个冻融循环时间的中断故障次数不得超过两次。

（8）当冻融循环出现下列情况之一时，可停止试验：

①达到规定的冻融循环次数；

②试件的相对动弹性模量下降到 60%；

③试件的质量损失率达 5%。

5.3.3.5　结果计算

（1）混凝土试件的相对动弹性模量应按式（5 -5）计算：

$$P_i = \frac{f_{ni}^2}{f_{0i}^2} \times 100\% \qquad (5-5)$$

式中　P_i——经 n 次冻融循环后第 i 个混凝土试件的相对动弹性模量，%，精确到 0.1；

　　　f_{ni}——经 n 次冻融循环后第 i 个混凝土试件的横向基频，Hz；

　　　f_{0i}——冻融循环试验前第 i 个混凝土试件横向基频初始值，Hz。

一组试件的相对动弹性模量应按式（5 -6）计算：

$$P = \frac{1}{3} \sum_{i=1}^{3} P_i \qquad (5-6)$$

式中　P——经 n 次冻融循环后一组混凝土试件的相对动弹性模量，%，精确至 0.1。

相对动弹性模量 P 应以 3 个试件试验结果的算术平均值作为测定值。当最大值或最小值与中间值之差超过中间值的 15% 时，应剔除此值，并应取其余两值的算术平均值作为测定值；当最大值和最小值与中间值之差均超过中间值的 15% 时，应取中间值作为测定值。

（2）单个试件的质量损失率应按式（5-7）计算：

$$\Delta W_{ni} = \frac{W_{0i} - W_{ni}}{W_{0i}} \times 100 \tag{5-7}$$

式中　ΔW_{ni}——经 n 次冻融循环后第 i 个混凝土试件的质量损失率，%，精确到 0.01；

　　　W_{ni}——经 n 次冻融循环后第 i 个混凝土试件的质量，g；

　　　W_{0i}——冻融循环试验前第 i 个混凝土试件的质量，g。

一组试件的平均质量损失率应按式（5-8）计算：

$$\Delta W_n = \frac{1}{3} \sum_{i=1}^{3} \Delta W_{ni} \times 100\% \tag{5-8}$$

式中　ΔW_n——n 次冻融循环后一组混凝土试件的平均质量损失率，%，精确至 0.1。

每组试件的平均质量损失率应以 3 个试件的质量损失率试验结果的算术平均值作为测定值。当某个试验结果出现负值应取 0，再取 3 个试件的平均值。当 3 个值中的最大值或最小值与中间值之差超过 1% 时，应剔除此值，并应取其余两值的算术平均值作为测定值；当最大值和最小值与中间值之差均超过 1% 时，应取中间值作为测定值。

混凝土抗冻等级应以相对动弹性模量下降至不低于 60% 或质量损失率不超过 5% 时的最大冻融循环次数来确定，并用符号 F 表示。

5.3.4　动弹性模量试验

5.3.4.1　目的与要求

本方法适用于采用共振法测定混凝土的动弹性模量，以检验混凝土在经受冻融或其他侵蚀作用后遭受破坏的程度，并以此来评定耐久性能。

5.3.4.2　主要仪器设备

（1）共振法混凝土动弹性模量测定仪（又称共振仪）：其输出频率可调范围应为 100～20 000 Hz，输出功率应能使试件产生受迫振动。

（2）试件支撑体：应采用厚度约为 20 mm 的泡沫塑料垫，宜采用表观密度为 16～18 kg/m³ 的聚苯板。

（3）称量设备：最大量程应为 20 kg，分度值不应超过 5 g。

5.3.4.3　试验步骤

（1）首先应测定试件的质量和尺寸。试件质量应精确至 0.01 kg，尺寸的测量应精确至 1 mm。

（2）测定完试件的质量和尺寸后，应将试件放置在支撑体中心位置，成型面应向上，并应将激振换能器的测杆轻轻地压在试件长边侧面中线的 1/2 处，接受换能器的测杆轻轻地压在试件长边侧面中线距端面 5 mm 处。在测杆接触试件前，宜在测杆与试件接触面涂一薄层黄油或凡士林作为耦合介质，测杆压力的大小应以不出现噪声为准。采用的动弹性模量测定仪各部件连接和相对应位置应符合图 5-5 的规定。

（3）放置好测杆后，应先调整共振仪的激振功率和接受增益旋钮至适当位置，然后变换激振频率，并应注意观察指示电表的指针偏转。当指针偏转为最大时，表示试件达到共振状态，应以这时所显示的共振频率作为试件的基频振动频率。每一测量值应重复测读两次以上,当两次连续测量值之差不超过两个测值算术平均值的 0.5% 时,应取这两个测值的算术平均值作为该试件的基频振动频率。

(4)当用示波器作显示的仪器时,示波器的图形调成一个正圆时的频率应为共振频率。在测试过程中,当发现两个以上峰值时,应将接受换能器移至距试件端部 0.224 倍试件长处,当指示电表示值为零时,应将其作为真实的共振峰值。

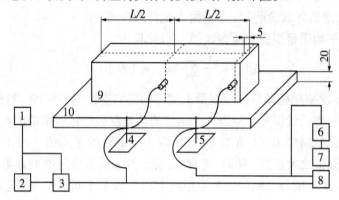

图 5-5 各部件连接和相对位置示意图
1—振荡器;2—频率计;3—放大器;4—激振换能器;5—接受换能器;
6—放大器;7—电表;8—示波器;9—试件;10—试件支承体

5.3.4.4 结果结算

动弹性模量应按式(5-9)计算:

$$E_d = 13.244 \times 10^{-4} \times WL^3f^2/a^4 \qquad (5-9)$$

式中 E_d——混凝土动弹性模量,MPa;

a——正方形截面试件的边长,mm;

L——试件的长度,mm;

W——试件的质量,kg,精确到 0.01 kg;

f——试件横向振动时的基频振动频率,Hz。

每组应以 3 个试件动弹性模量的试验结果的算术平均值作为测定值,计算应精确至 100 MPa。

5.3.5 抗水渗透试验——渗水高度法

5.3.5.1 目的与要求

本方法适用于以测定硬化混凝土在恒定水压力下的平均渗水高度来表示混凝土抗水渗透性能。

5.3.5.2 主要仪器设备

(1)混凝土抗渗仪:应符合现行行业标准《JG/T249 混凝土抗渗仪》的规定,并应能使水压按规定的制度稳定地作用在试件上。抗渗仪施加水压力范围应为 0.1～2.0 MPa。试模应采用上口内部直径为 175 mm、下口内部直径为 185 mm 和高度为 150 mm 的圆台体。

(2)梯形板:应采用尺寸为 200 mm×200 mm 透明材料制成,并应画有 10 条等间距、垂直于梯形底线的直线。

（3）加压装置：可为螺旋加压器或其他加压形式，其压力应能保证将试件压入试件套内。

（4）其他：密封材料（宜用石蜡加松香或水泥加黄油等材料，也可采用橡胶套等其他有效密封材料）、钢尺（分度值应为 1 mm）、钟表（分度值应为 1 min）、烘箱、电炉、浅盘、铁锅和钢丝刷。

5.3.5.3　试验步骤

（1）制作混凝土抗渗仪试件，试件应以 6 个为一组。试件成型 24 h 后拆模，拆模后应用钢丝刷刷去两端面的水泥浆膜，并应立即将试件送入标准养护室进行养护。抗水渗透试验的龄期宜为 28 d，如有特殊要求，可在规定龄期进行试验。

（2）应在到达试验龄期的前一天，从养护室取出试件并擦拭干净，待试件表面晾干后，按下列方法进行试件密封：

①当用石蜡密封时，应在试件侧面裹涂一层熔化的内加少量松香的石蜡。然后应用螺旋加压器或其他形式设备将试件压入经过烘箱或电炉预热的试模中，使试件与试模底平齐，并应在试模变冷后解除压力。试模的预热温度，应以石蜡接触试模，即缓慢融化，但以不流淌为准。

②用水泥加黄油密封时，其质量比应为 2.5:1 ～ 3:1。应用三角刀将密封材料均匀地刮涂在试件侧面上，厚度应为 1 ～ 2 mm。应套上试模并将试件压入，应使试件与试模底齐平。

③试件密封也可以采用其他更可靠的密封方式。

（3）试件准备好之后，启动抗渗仪，并开通 6 个试位下的阀门，使水从 6 个孔中渗出，水应充满试位坑，在关闭 6 个试位下的阀门后应将密封好的试件安装在抗渗仪上。

（4）试件安装好后，应立即开通 6 个试位下的阀门，使水压在 24 h 内恒定控制在（1.2±0.05）MPa，且加压过程不应大于 5 min，应以达到稳定压力的时间作为试验记录起始时间（精确至 1 min）。在稳压过程中随时观察试件端面的渗水情况，当有某一个试件端面出现渗水时，应停止该试件的试验并应记录时间，并以试件的高度作为该试件的渗水高度。对于试件端面未出现渗水的情况，应在试验 24 h 后停止试验，并及时取出试件。在试验过程中，当发现水从试件周边渗出时，应重新按本步骤第（3）条进行密封。

（5）将从抗渗仪上取出来的试件放在压力机上，并应在试件上下两端面中心处沿直径方向各放一根直径为 6 mm 的钢垫条，并应确保它们在同一竖直平面内。然后开动压力机，将试件沿纵断面劈裂为两半。试件劈开后，应用防水笔描出水痕。

（6）应将梯形板放在试件劈裂面上，并用钢尺沿水痕等间距量测 10 个测点的渗水高度值，读数应精确至 1 mm。当读数时若遇到某测点被骨料阻挡，可以靠近骨料两端的渗水高度算术平均值作为该测点的渗水高度。

5.3.5.4　试验结果

试件渗水高度应按式（5-10）计算：

$$\overline{h}_i = \frac{1}{10} \sum_{j=1}^{10} h_j \tag{5-10}$$

式中 h_j——第 i 个试件第 j 个测点处的渗水高度,mm;

$\bar{h}_i$——第 i 个试件的平均渗水高度,mm。应以 10 个测点渗水高度的平均值作为该试件渗水高度的测定值。

一组试件的平均渗水高度应按式(5-11)计算:

$$\bar{h} = \frac{1}{6}\sum_{i=1}^{6} \bar{h}_i \qquad (5-11)$$

式中 $\bar{h}$——组 6 个试件的平均渗水高度,mm。应以一组 6 个试件的渗水高度的算术平均值作为该组试件渗水高度的测定值。

5.3.6 抗渗性能试验——逐级加压法

5.3.6.1 目的与要求

本方法适用于通过逐级施加水压力来测定以抗渗等级来表示的混凝土的抗水渗透性能。

5.3.6.2 主要仪器设备

主要仪器设备同 5.3.5.2。

5.3.6.3 试验步骤

(1)首先应按 5.3.5.3 的规定进行试件的密封及安装。

(2)试验时,水压应从 0.1 MPa 开始,以后应每隔 8 h 增加 0.1 MPa,并应随时观察试件端面渗水情况。当 6 个试件中有 3 个试件表面出现渗水时,或加至规定压力(设计抗渗等级)在 8 h 内 6 个试件中表面渗水试件少于 3 个时,可停止试验,并记下此时的水压。在试验过程中,当发现水从试件周边渗出时,应按 5.3.5.3 节的规定重新密封。

5.3.6.4 实验结果

混凝土的抗渗等级应以每组 6 个试件中有 4 个试件未出现渗水时的最大水压力乘以 10 来确定。混凝土的抗渗等级应按式(5-12)进行计算:

$$P = 10H - 1 \qquad (5-12)$$

式中 P——混凝土抗渗等级;

H——6 个试件中有 3 个试件渗水时的水压,MPa。

5.3.7 抗氯离子渗透试验——快速氯离子迁移系数法(或称 RCM 法)

5.3.7.1 目的与要求

本方法适用于以测定氯离子在混凝土中非稳态迁移的迁移系数来确定混凝土抗氯离子渗透性能。

5.3.7.2 主要仪器及设备

(1)切割试件的设备:采用水冷式金刚石锯或碳化硅锯。

(2)真空饱水设备:设备应该至少能容纳 3 个试件;真空泵能保持容器内气压处于 1～5 kPa。

(3)RCM 试验装置:如图 5-6 所示,采用的有机硅胶套的内径和外径应分别为100 mm

和 115 mm,长度应为 150 mm。夹具应采用不锈钢环箍,其直径范围应为 110～115 mm、宽度应为 20 mm。阴极试验槽可采用尺寸为 370 mm×270 mm×280 mm 的塑料箱。阴极板采用厚度为(0.5±0.1) mm、直径不小于 100 mm 的不锈钢板。阳极板应采用厚度为 0.5 mm、直径为(98±1) mm 的不锈钢网或带孔的不锈钢板。支架应由硬塑料板制成。处于试件和阴极板之间的支架头高度应为 15～20 mm。RCM 实验装置还应符合现行行业标准《JG/T 262　混凝土氯离子扩散系数测定仪》的有关规定。

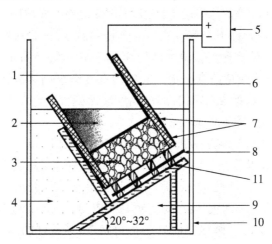

图 5-6　RCM 试验装置示意图

1—阳极板;2—阳极溶液;3—试件;4—阴极溶液;5—直流稳压电源;6—有机硅橡胶套;
7—环箍;8—阴极板;9—支架;10—阴极试验槽;11—支撑头

(4) 电源:能稳定提供 0～60 V 的可调直流电,精度应为 ±0.1V,电流应为 0～10 A。

(5) 温度计或热电偶:精度为 ±0.2℃。

(6) 其他:喷雾器、游标卡尺(精度 ±0.1 mm)、直尺(最小刻度 1 mm)、水砂纸(200～600 号)、细锉刀、扭矩扳手、电吹风等。

5.3.7.3　试剂的配制

试验所用试剂都应采用化学纯,溶剂应为蒸馏水或去离子水。阴极溶液应为 10% 质量浓度的 NaCl 溶液,阳极溶液应为 0.3 mol/L 的 NaOH 溶液。溶液应至少提前 24 h 配制,并应密封保存在温度为 20～25 ℃ 的环境中。显色指示剂应为 0.1 mol/L 的 $AgNO_3$ 溶液。

5.3.7.4　试件的制作

(1) RCM 试验用试件应采用直径为(100±1) mm,高度为(50±2) mm 的圆柱体试件。在实验室制作试件时,宜使用 φ100 mm×100 mm 或 φ100 mm×200 mm 试模。骨料最大公称粒径不宜大于 25 mm。试件成型后应立即用塑料膜覆盖并移至标准养护室。试件应在(24±2) h 内拆模,然后应浸没于标准养护室的水池中。试件的养护龄期宜为 28 d,也可根据设计要求选用 56 d 或 84 d 养护龄期。

(2) 在抗氯离子渗透试验前 7 d 将试件加工成标准尺寸,当使用 φ100 mm×100 mm 的试件时,应从试件中部切取高度为(50±2) mm 的圆柱体作为试验用试件,并应将靠近浇筑面的试件端面作为暴露于氯离子溶液中的测试面。当使用 φ100 mm×200 mm 试件时,应先将试件从正中间切成相同尺寸的两部分($\phi 100$ mm $\times 100$ mm),然后应从两部分中各切取一个高度为(50 ± 2)mm 的试件,并应将第一次的切口面作为暴露于氯离子溶液中的测试面。

（3）试件加工后应采用水砂纸和细锉刀打磨光滑,并继续浸没于水中养护至试验龄期。

5.3.7.5 试验步骤

（1）首先应将试件从养护池中取出来,并将试件表面的碎屑刷洗干净,擦干试件表面多余的水分,然后应采用游标卡尺测量试件的直径和高度,测量应精确到 0.1 mm。应将试件在饱和面干状态下置于真空容器中进行真空处理,并在 5 min 内将真空容器中的气压减少至 $1 \sim 5$ kPa,并应保持该真空度 3 h,然后在真空泵仍然运转的情况下,将用蒸馏水配制的饱和氢氧化钙溶液注入容器,溶液高度应保证将试件浸没。在试件浸没 1 h 后恢复常压,并应继续浸泡(18 ± 2）h。

（2）试件安装在 RCM 试验装置前应采用电吹风冷风档吹干,表面应干净,无油污、灰砂和水珠。RCM 试验装置的试验槽在试验前应用室温凉开水冲洗干净。

（3）试件和 RCM 试验装置准备好后,应将试件装入橡胶套内的底部,应在与试件齐高的橡胶套外侧安装两个不锈钢环箍,每个箍高度应为 20 mm,并应拧紧环箍上的螺栓至扭矩（30 ± 2）N·m,使试件的圆柱侧面处于密封状态,当试件的圆柱曲面可能有造成液体渗漏的缺陷时,应以密封剂保持其密封性。

（4）应将装有试件的橡胶套安装到试验槽中,并安装好阳极板,然后应在橡胶套中注入约 300 mL 浓度为 0.3 mol/L 的 NaOH 溶液,并应使阳极板和试件表面均浸没于溶液中。应在阴极试验槽中注入 12 L 质量浓度为 10% 的 NaCl 溶液,并应使其液面与橡胶套中的 NaOH 溶液液面齐平。

（5）试件安装完成后,应将电源的阳极（又称正极）用导线连接至橡胶筒中阳极板,并将阴极（又称负极）用导线连接至试验槽中的阴极板。

（6）打开电源,将电压调整到（30 ± 0.2）V,并应记录通过每个试件的初始电流,后续试验应施加的电压应根据施加 30V 电压时测量得到的初始电流值所处的范围决定。（见表 5-2）应根据实际施加电压,记录新的初始电流。应按照新的初始电流值所处的范围,确定试验应持续的时间。

表 5-2 初始电流、电压与试验时间的关系

初始电流 I_{30V} （用 30V 电压）/mA	施加的电压 U （调整后）/V	可能的新初始电流 I_0/mA	试验持续时间 t/h
$I_0 < 5$	60	$I_0 < 10$	96
$5 \leqslant I_0 < 10$	60	$10 \leqslant I_0 < 20$	48
$10 \leqslant I_0 < 15$	60	$20 \leqslant I_0 < 30$	24
$15 \leqslant I_0 < 20$	50	$25 \leqslant I_0 < 35$	24
$20 \leqslant I_0 < 30$	40	$25 \leqslant I_0 < 40$	24

续表

初始电流 I_{30V} （用 30V 电压）/mA	施加的电压 U （调整后）/V	可能的新初始电流 I_0/mA	试验持续时间 t/h
$30 \leqslant I_0 < 40$	35	$35 \leqslant I_0 < 50$	24
$40 \leqslant I_0 < 60$	30	$40 \leqslant I_0 < 60$	24
$60 \leqslant I_0 < 90$	25	$50 \leqslant I_0 < 75$	24
$90 \leqslant I_0 < 120$	20	$60 \leqslant I_0 < 80$	24
$120 \leqslant I_0 < 180$	15	$60 \leqslant I_0 < 90$	24
$180 \leqslant I_0 < 360$	10	$60 \leqslant I_0 < 120$	24
$I_0 \geqslant 360$	10	$I_0 \geqslant 120$	6

（7）应根据温度计或者热电偶的显示读数记录每一个试件的阳极溶液的初始温度，试验结束时，应测定阳极溶液的最终温度和最终电流。

（8）试验结束后断开电源，并应及时排除试验溶液，将试件从橡胶套中取出，立即用自来水将试件表面冲洗干净，然后擦去试件表面多余水分。试件表面冲洗干净后，应在压力试验机上沿轴向劈成两个半圆柱体，并应在劈开的试件断面立即喷涂浓度为 0.1 mol/L 的 $AgNO_3$ 溶液指示剂。指示剂喷洒约 15 min 后，应沿试件直径断面将其分成 10 等份，并用防水笔描出渗透轮廓线，然后应根据观察到的明显的颜色变化，测量显色分界线（图 5-7）离试件底面的距离，精确至 0.1 mm，当某一测点被骨料阻挡，可将此测点位置移动到最近未被骨料阻挡的位置进行测量，当某测点数据不能得到，只要总测点数多于 5 个，可忽略此测点。当某测点位置有一个明显的缺陷，使该点测量值远大于各测点的平均值，可忽略此测点数据，但应将这种情况在试验记录和报告中注明。

（9）试验结束后应用黄铜刷清除试验槽的结垢或沉淀物，并应用饮用水和洗涤剂将试验槽和橡胶套冲洗干净，然后用电吹风的冷风档吹干。

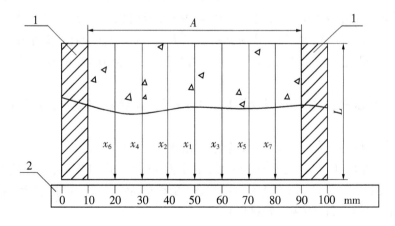

图 5-7　显色分界线位置编号
1—试件边缘部分；2—尺子；A—测量范围；L—试件高度

5.3.7.6 结果计算

试验结果计算及处理应符合下列规定：

混凝土的非稳态氯离子迁移系数应按式（5-13）进行计算：

$$D_{RCM} = \frac{0.0239 \times (273 + T)L}{(U-2)t}\left(X_d - 0.0238\sqrt{\frac{(273+T)LX_d}{U-2}}\right) \qquad (5-13)$$

式中　D_{RCM}——混凝土非稳态氯离子迁移系数，精确到 $0.1 \times 10^{-12} \text{m}^2/\text{s}$；

　　　U——所用电压的绝对值，V；

　　　T——阳极溶液的初始温度和结束温度的平均值，℃；

　　　L——试件厚度，mm，精确到 0.1 mm；

　　　X_d——氯离子渗透深度的平均值，mm，精确到 0.1 mm；

　　　t——试验持续时间，h。

每组应以 3 个试样的氯离子迁移系数的算术平均值作为该组试件的氯离子迁移系数测定值。当最大值或最小值与中间值之差超过中间值的 15% 时，应剔除此值，再取其余两值的平均值作为测定值；当最大值和最小值均超过中间值的 15% 时，应取中间值作为测定值。

5.3.8　抗氯离子渗透试验——电通量法

5.3.8.1　目的与要求

本方法适用于测定以通过混凝土试件的电通量为指标来确定混凝土抗氯离子渗透性能。本方法不适用于掺有亚硝酸盐和钢纤维等良导电材料的混凝土抗氯离子渗透试验。

5.3.8.2　主要仪器及设备

（1）电通量试验装置：电通量试验装置应符合图 5-8 的要求，并应满足现行行业标准《JG/T 261　混凝土氯离子电通量测定仪》的有关规定。其中直流稳压电源的电压范围应为 0～80 V，电流范围应为 0～10 A。并应能稳定输出 60V 直流电压，精度应为 ±0.1V。耐热塑料或耐热有机玻璃试验槽（图 5-9）的边长应为 150 mm，总厚度不应小于 51 mm，试验槽中心的两个槽的直径应分别为 89 mm 和 112 mm，两个槽的深度应分别为 41 mm 和 6.4 mm。在试验槽的一边应开有直径为 10 mm 的注液孔。紫铜垫板宽度应为 (12±2) mm，厚度应为 (0.50±0.05) mm。铜网孔径应为 0.95 mm（64 孔/cm²）或者 20 目。

（2）真空饱水机：容器应该至少能容纳 3 个试件；真空泵能够保持容器内的气压处于 1～5 kPa。

（3）切割试件的设备：采用水冷式金刚石锯或碳化硅锯。

（4）其他：温度计（量程为 0～120 ℃，精度为 ±0.1℃）；电吹风（功率应为 1 000～2 000 W）；标准电阻（精度为 ±0.1%）；电流表（量程应为 0～20 A，精度为 ±0.1%）；密封材料（应采用硅胶或树脂等密封材料）。

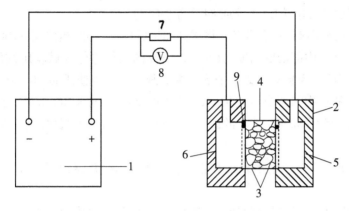

图 5－8　电通量试验装置示意图

1—直流稳压电源;2—试验槽;3—铜电极;4—混凝土试件;5—3.0% NaCl 溶液;

6—0.3 mol/L NaOH;7—标准电阻;8—直流数字式电压表;

9—试件垫圈(硫化橡胶垫或硅橡胶垫)

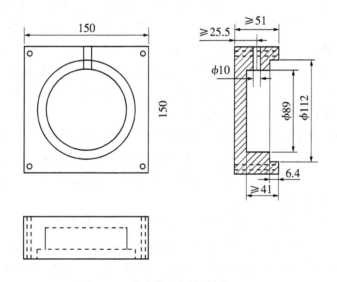

图 5－9　试验槽示意图(单位:mm)

5.3.8.3　试剂的配制

试验所用试剂都应采用化学纯,溶剂应为蒸馏水或去离子水。阴极溶液应为3%质量浓度的 NaCl 溶液,阳极溶液应为 0.3 mol/L 的 NaOH 溶液。溶液应至少提前 24 h 配制,并应密封保存在温度为 20 ~ 25 ℃ 的环境中。显色指示剂应为 0.1 mol/L 的 $AgNO_3$ 溶液。

5.3.8.4　试件的制作

(1)电通量试验用试件应采用直径为 $\phi(100 \pm 1)$ mm,高度为 (50 ± 2) mm 的圆柱体试件。在实验室制作试件时,宜使用 $\phi100$ mm × 100 mm 或 $\phi100$ mm × 200 mm 试模。骨料最大公称粒径不宜大于 25 mm。试件成型后应立即用塑料膜覆盖并移至标准养护室。试件应在 (24 ± 2) h 内拆模,然后应浸没于标准养护室的水池中。试件的养护龄期宜为

28 d,也可根据设计要求选用 56 d 或 84 d 养护龄期。

（2）在抗氯离子渗透试验前 7 d 将试件加工成标准尺寸,当使用 $\phi100$ mm × 100 mm 的试件时,应从试件中部切取高度为（50 ± 2）mm 的圆柱体作为试验用试件,并应将靠近浇筑面的试件端面作为暴露于氯离子溶液中的测试面。当使用 $\phi100$ mm × 200 mm 试件时,应先将试件从正中间切成相同尺寸的两部分（$\phi100$ mm × 100 mm）,然后应从两部分中各切取一个高度为（50 ± 2）mm 的试件,并应将第一次的切口面作为暴露于氯离子溶液中的测试面。

（3）试件加工后应采用水砂纸和细锉刀打磨光滑,并继续浸没于水中养护至试验龄期。

（4）当试件表面有涂料等附加材料时应预先去除,且试样内不得含有钢筋等良导电材料,在试件移送实验室前,应避免冻伤或其他物理伤害。

5.3.8.5　实验步骤

（1）电通量试验宜在试件养护到 28 d 龄期进行。对于掺有大量矿物掺合料的混凝土,可在 56 d 龄期进行试验。应先将养护到规定龄期的试件暴露于空气中至表面干燥,并应以硅胶或树脂密封材料涂刷试件圆柱侧面,还应填补涂层中的孔洞。

（2）电通量试验前应将试件进行真空饱水。应先将试件放入真空容器中,然后启动真空泵,并应在 5 min 内将真空容器中的绝对压强减少至 1 ～ 5 kPa,应保持该真空度 3 h,然后在真空泵仍然运行的情况下,注入足够的蒸馏水或者去离子水,直至淹没试件,应在试件浸没 1 h 后恢复常压,并继续浸泡（18 ± 2）h。

（3）在真空饱水结束后,应从水中取出试件,并抹掉多余水分,且应保持试件所处环境的相对湿度在 95% 以上。应将试件安装于试验槽内,并应用螺杆将两试验槽和端面装有硫化橡胶垫的试件夹紧。试件安装好以后,应采用蒸馏水或者其他有效方式检查试件和试验槽之间的密封性能。

（4）检查试件和试件槽之间的密封性后,应将质量浓度为 3.0% 的 NaCl 溶液和摩尔浓度为 0.3 mol/L 的 NaOH 溶液分别注入试件两侧的试验槽中,注入 NaCl 溶液的试验槽内的铜网应连接电源负极,注入 NaOH 溶液的试验槽中的铜网应连接电源正极。

（5）正确连接电源线后,应在保持试验槽中充满溶液的情况下接通电源,并应对上述两铜网施加（60 ± 0.1）V 直流恒电压,且应记录电流初始读数 I_0。开始时应每隔 5 min 记录一次电流值,当电流值变化不大时,可每隔 30 min 记录一次电流值,直至通电 6 h。

（6）当采用自动采集数据的测试装置时,记录电流的时间间隔可设定为 5 ～ 10 min。电流测量值应精确至 ± 0.5 mA。试验过程中宜同时监测试验槽中溶液的温度。

（7）试验结束后,应及时排出试验溶液,并应用凉开水和洗涤剂冲洗试验槽 60 s 以上,然后用蒸馏水洗净并用电吹风冷风档吹干。

（8）试验应在 20 ～ 25 ℃ 的室内进行。

5.3.8.6　结果处理

（1）试验过程中或试验结束后,应绘制电流与时间的关系图。应通过将各点数据以光滑曲线连接起来,对曲线作面积积分,或按梯形法进行面积积分,得到试验 6 h 通过的电通量(C)。

（2）每个试件的总电通量可采用下列简化公式(5-14)计算：

$$Q = 900(I_0 + 2I_{30} + 2I_{60} + \cdots + 2I_t + \cdots + 2I_{300} + I_{360}) \qquad (5-14)$$

式中　Q——通过试件的总电通量，C；

　　　I_0——初始电流，A，精确到 0.001A；

　　　I_t——在时间 t(min) 的电流，A，精确到 0.001A。

（3）计算得到的通过试件的总电通量应换算成直径为 95 mm 试件的电通量值。应通过将计算的总电通量乘以一个直径为 95 mm 的试件和实际试件横截面积的比值来换算，换算可按式(5-15)进行：

$$Q_s = Q_x \times (95/x)^2 \qquad (5-15)$$

式中　Q_s——通过直径为 95 mm 的试件的电通量，C；

　　　Q_x——通过直径为 x mm 的试件的电通量，C；

　　　x——试件的实际直径，mm。通常为 100 mm。

　　每组应取 3 个试件电通量的算术平均值作为该组试件的电通量测定值。当某一个电通量值与中间值的差值超过中值的 15% 时，应取其余两个试件的电通量的算术平均值作为该组试件的试验结果测定值。当有两个测值与中值差值都超过中值的 15% 时，应取中值作为该组试件的电通量试验结果测定值。

第6章 建筑砂浆试验

建筑砂浆试验包括稠度、分层度、保水性、表观密度、凝结时间、立方体抗压强度、静力受压弹性模量、抗冻性能和收缩试验。本章仅介绍砂浆稠度、分层度、保水性、表观密度、立方体抗压强度等 5 项试验。

6.1 相关标准

JGJ/T 70—2009 建筑砂浆基本性能试验方法

6.2 取样及试样制备

（1）建筑砂浆试验用料应根据不同要求，可从同一盘搅拌料或同一车运送的砂浆中取出；在实验室取样时，可从机械或人工拌和的砂浆中取出，取样量不应少于试验所需量的 4 倍。

（2）施工中取样进行砂浆试验时，砂浆取样方法应按相应的施工验收规范进行，并宜在现场搅拌点或预拌砂浆卸料点的至少 3 个不同部位及时取样。对于现场取的试样，实验前应人工搅拌均匀，从取样完毕到开始进行各项性能试验，不宜超过 15 min。

（3）实验室拌制砂浆进行试验时，拌和用的材料要提前 24 h 运入室内，拌和时实验室的温度应保持在(20 ± 5) ℃。当需要模拟施工条件下所用的砂浆时，实验室原材料的温度宜保持与施工现场一致。

（4）实验用原材料应与现场使用材料一致。砂应过 4.75 mm 筛。

（5）实验室拌制砂浆时，材料应称重计量。水泥、外加剂、掺合料等的称量精度应为 ±0.5%，细骨料的称量精度应为 ±1%。

（6）实验室用搅拌机搅拌砂浆时，搅拌的用量宜为搅拌机容量的 30%～70%，搅拌时间不宜少于 120 s。

6.3 稠度试验

6.3.1 目的与要求

本方法适用于确定配合比或施工过程中控制砂浆的稠度，以达到控制用水量的目的。

6.3.2　主要仪器设备

（1）砂浆稠度测定仪：由试锥、容器和支座三部分组成（见图6-1）。试锥由钢材或铜材制成，试锥高度为145 mm，锥底直径为75 mm，试锥连同滑杆的质量应为（300±2）g；盛砂浆容器由钢板制成，筒高为180 mm，锥底内径为150 mm；支座分底座、支架及稠度显示三个部分，由铸铁、钢及其他金属制成。

（2）钢制捣棒：直径10 mm、长350 mm，端部磨圆。

（3）秒表等。

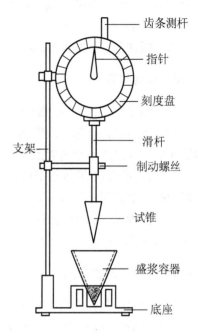

齿条测杆

指针

刻度盘

支架

滑杆

制动螺丝

试锥

盛浆容器

底座

图6-1　砂浆稠度测定仪

6.3.3　试验步骤

（1）应先采用少量润滑油轻擦滑杆，再将滑杆上多余的油用吸油纸擦净，使滑杆能自由滑动，将盛浆容器和试锥表面用湿布擦干净。

（2）将砂浆拌合物一次装入容器，使砂浆表面低于容器口约10 mm，用捣棒自容器中心向边缘均匀地插捣25次，然后轻轻地将容器摇动或敲击五六下，使砂浆表面平整，随后将容器置于稠度测定仪的底座上。

（3）拧开试锥滑杆的制动螺丝，向下移动滑杆，当试锥尖端与砂浆表面刚好接触时，拧紧制动螺丝，使齿条测杆下端刚好接触滑杆上端，并将指针对准零点。

（4）拧开制动螺丝，同时计时，10 s时立即拧紧螺丝，将齿条测杆下端接触滑杆上端，从刻度盘上读出下沉深度（精确至1 mm）即为砂浆的稠度值。

（5）圆锥形容器内的砂浆，只允许测定1次稠度，重复测定时，应重新取样测定。

6.3.4　结果计算

（1）同盘砂浆应取两次试验结果的算术平均值作为测定值，并应精确至1 mm。

（2）当两次试验值之差大于10 mm时，应重新取样测定。

6.4　分层度试验

6.4.1　目的与要求

本方法适用于测定砂浆拌合物在运输及停放时内部组分的稳定性。

6.4.2　主要仪器设备

（1）砂浆分层度筒：应由钢板制成，内径应为150 mm，上节高度应为200 mm，下节高

度应为100 mm,两节的连接处应加宽3～5 mm,并设有橡胶垫圈(见图6-2);

（2）振动台:振幅(0.5±0.05) mm,频率(50±3) Hz。

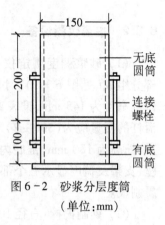

图6-2　砂浆分层度筒
（单位:mm）

6.4.3　试验步骤

（1）测定砂浆拌合物的稠度。

（2）将砂浆拌合物一次装入分层度筒内,待装满后,用木锤在分层度筒周围距离大致相等的4个不同地方轻轻敲击一二下,如砂浆沉落到低于筒口,则应随时添加,然后刮去多余的砂浆并用抹刀抹平。

（3）静置30 min后,去掉上节200 mm砂浆,剩余的100 mm砂浆倒出放在拌合锅内拌2 min,再测其稠度。前后测得的稠度之差即为该砂浆的分层度值。

6.4.4　快速法试验步骤

（1）测定砂浆拌合物的稠度。

（2）将分层度筒预先固定在振动台上,砂浆一次装入分层度筒内,振动20 s。

（3）去掉上节200 mm砂浆,剩余的100 mm砂浆倒出放在拌合锅内拌2 min,再测其稠度。前后测得的稠度之差即为该砂浆的分层度值。如有争议时,以标准法为准。

6.4.5　结果计算

（1）取两次试验结果的算术平均值作为该砂浆的分层度值,精确至1 mm。

（2）两次分层度试验值之差如大于10 mm,应重新取样测定。

6.5　保水性试验

6.5.1　目的与要求

新品种砂浆用分层度试验来衡量砂浆各组分的稳定性或保持水分的能力已不太适宜,故采用保水性测定方法测定大部分预拌砂浆的保水性能。

6.5.2　主要仪器设备

（1）金属或硬塑料圆环试模:内径应为100 mm,内部高度应为25 mm;

（2）可密封的取样容器:应清洁、干燥;

（3）2 kg的重物;

（4）金属滤网:网格尺寸45 μm,圆形,直径为(110±1) mm;

（5）超白滤纸:应采用现行国家标准《化学分析滤纸》GB/T 1914规定的中速定性滤纸,直径应为110 mm,单位面积质量应为200 g/m²;

（6）2片金属或玻璃的方形或圆形不透水片,边长或直径应大于110 mm;

（7）天平：量程为200 g，分度值为0.1 g；量程为2 000 g，分度值为1 g；

（8）烘箱。

6.5.3 实验步骤

（1）称量底部不透水片与干燥试模质量m_1和15片中速定性滤纸质量m_2；

（2）将砂浆拌合物一次性装入试模，并用抹刀插捣数次，当装入的砂浆略高于试模边缘时，用抹刀以45°角一次性将试模表面多余的砂浆刮去，然后再用抹刀以较平的角度在试模表面反方向将砂浆刮平；

（3）抹掉试模边的砂浆，称量试模、底部不透水片与砂浆总质量m_3；

（4）用金属滤网（需预先用水润湿）覆盖在砂浆表面，再在滤网表面放上15片滤纸，用上部不透水片盖在滤纸表面，以2 kg的重物把上部不透水片压住；

（5）静置2 min后移走重物及上部不透水片，取出滤纸（不包括滤网），迅速称量滤纸质量m_4。

6.5.4 结果计算

（1）按照砂浆的配比及加水量按照式(6-1)计算砂浆的保水率。

$$W = \left[1 - \frac{m_4 - m_2}{\alpha \times (m_3 - m_1)} \right] \times 100\% \qquad (6-1)$$

式中　W——砂浆保水率，%；

$\quad m_1$——底部不透水片与干燥试模质量，g，精确至1 g；

$\quad m_2$——15片滤纸吸水前的质量，g，精确至0.1 g；

$\quad m_3$——试模，底部不透水片与砂浆总质量，g，精确至1 g；

$\quad m_4$——15片滤纸吸水后的质量，g，精确至0.1 g；

$\quad \alpha$——砂浆含水率，%。

取两次试验结果的算术平均值作为砂浆的保水率，精确至0.1%，其第二次试验应重新取样测定。当两个测定值之差超过2%时，此组试验结果应为无效。

（2）当无法计算砂浆的含水率时，可以称取(100±10)g砂浆拌合物试样，置于一干燥并已称重的盘中，在(105±5)℃的烘箱中烘干至恒重。并按式(6-2)计算砂浆含水率。然后按照式(6-1)计算砂浆的保水率。

$$\alpha = \frac{m_6 - m_5}{m_6} \times 100\% \qquad (6-2)$$

式中　α——砂浆含水率，%；

$\quad m_5$——烘干后砂浆样本质量，g，精确至1 g；

$\quad m_6$——砂浆样本的总质量，g，精确至1 g。

取两次试验结果的算术平均值作为砂浆的含水率，精确至0.1%。当两个测定值之差超过2%时，此组试验结果应为无效。

6.6 表观密度试验

6.6.1 目的与要求

本方法用于测定砂浆拌合物捣实后的单位体积质量,以确定每立方米砂浆拌合物中各组成材料的实际用量。

6.6.2 主要仪器设备

(1) 容量筒:金属制成,内径 108 mm,净高 109 mm,筒壁厚 2～5 mm,容积为 1 L;

(2) 天平:量程不小于 5 kg,分度值不大于 5 g;

(3) 钢制捣棒:直径 10 mm,长 350 mm,端部磨圆;

(4) 砂浆稠度仪;

(5) 振动台:振幅应为(0.5±0.05) mm,频率应为(50±3) Hz;

(6) 秒表。

6.6.3 容量筒容积的校正

采用一块能盖住容量筒顶面的玻璃板,先称出玻璃板和容量筒重,然后向容量筒中灌入温度为(20±5)℃的饮用水,到接近上口时,一边不断加水,一边把玻璃板沿筒口徐徐推入盖严。应注意使玻璃板下不带入任何气泡。

擦净玻璃板面及筒壁外的水分,将容量筒和水连同玻璃板称重(精确至 5 g)。

后者与前者称量之差(以 kg 计)即为容量筒的容积(L)。

6.6.4 试验步骤

(1) 应先采用湿抹布擦净容量筒的内表面,再称量容量筒质量 m_1,精确至 5 g。

(2) 捣实可采用手工或机械方法。当砂浆稠度大于 50 mm 时,宜采用人工插捣法,当砂浆稠度不大于 50 mm 时,宜采用机械振动法。

采用人工插捣法时,将砂浆拌合物一次装满容量筒,使稍有富余,用捣棒由边缘向中心均匀地插捣 25 次。当插捣过程中砂浆沉落到低于筒口时,应随时添加砂浆,再用木锤沿容器外壁敲击 5～6 下。

采用振动法时,将砂浆拌合物一次装满容量筒连同漏斗在振动台上振 10 s,当振动过程中砂浆沉入到低于筒口时,应随时添加砂浆。

(3) 捣实或振动后,应将筒口多余的砂浆拌合物刮去,使砂浆表面平整,然后将容量筒外壁擦净,称出砂浆与容量筒总质量 m_2,精确至 5 g。

6.6.5 结果计算

砂浆拌合物的表观密度 ρ 按式(6-3)计算:

$$\rho = \frac{m_2 - m_1}{V} \times 1\,000 \qquad\qquad (6-3)$$

式中 ρ——表观密度,kg/m^3;

m_1——容量筒质量,kg;

m_2——容量筒及试样质量,kg;

V——容量筒容积,L。

质量密度由两次试验结果的算术平均值确定,精确至 10 kg/m^3。

6.7 立方体抗压强度试验

6.7.1 目的与要求

本方法适用于测定砂浆立方体的抗压强度。

6.7.2 主要仪器设备

(1)试模:70.7 mm×70.7 mm×70.7 mm 的带底试模,应符合现行行业标准《混凝土试模》JG237 的规定选择,应具有足够的刚度并拆装方便。试模的内表面应机械加工,其不平度应为每 100 mm 不超过 0.05 mm,组装后各相邻的不垂直度不应超过 ±0.5°。

(2)钢制捣棒:直径 10 mm,长 350 mm 的钢棒,端部应磨圆。

(3)压力试验机:精度应为 1%,其量程应能使试件的预期破坏荷载值不小于全量程的 20%,且不大于全量程的 80%。

(4)振动台:空载中台面的垂直振幅应为(0.5 ±0.05) mm,空载频率应为(50 ±3) Hz,空载台面振幅均匀度不应大于 10%,一次试验应至少能固定 3 个试模。

6.7.3 立方体抗压强度试件的制作及养护步骤

(1)应采用立方体试件,每组试件应为 3 个。

(2)应采用黄油等密封材料涂抹试模的外接缝,试模内应涂刷薄层机油或隔离剂。应将拌制好的砂浆一次性装满砂浆试模,成型方法应根据稠度而确定。当稠度大于 50 mm 时,宜采用人工插捣成型,当稠度不大于 50 mm 时,宜采用振动台振实成型。

①人工插捣:应采用捣棒均匀地由边缘向中心按螺旋方式插捣 25 次,插捣过程中当砂浆沉落低于试模口时,应随时添加砂浆,可用油灰刀插捣数次,并用手将试模一边抬高 5～10 mm 各振动 5 次,砂浆应高出试模顶面 6～8 mm。

②振动后振实:将砂浆一次装满试模,放置到振动台上,振动时试模不得跳动,振动 5～10 s 或持续到表面泛浆为止,不得过振。

(3)应待表面水分稍干后,再将高出试模部分的砂浆沿试模顶面刮去并抹平。

(4)试件制作后应在温度为(20 ±5)℃的环境下静置(24 ±2)h,对试件进行编号,拆模。当气温较低时,或者凝结时间大于 24 h 的砂浆,可适当延长时间,但不应超过 2 d。试件拆模后应立即放入温度为(20 ±2)℃,相对湿度为 90%以上的标准养护室中养护。

养护期间,试件彼此间隔不得小于 10 mm,混合砂浆、湿拌砂浆试件上面应覆盖,防止有水滴在试件上。

（5）从搅拌加水开始计时,标准养护龄期应为 28 d,也可根据相关标准要求增加 7 d 或 14 d。

6.7.4　立方体抗压强度试验步骤

（1）试件从养护地点取出后,应尽快进行试验,以免试件内部的温湿度发生显著变化。试验前先将试件擦拭干净,测量尺寸,并检查其外观。试件尺寸测量精确至 1 mm,并据此计算试件的承压面积。如实测尺寸与公称尺寸之差不超过 1 mm,可按公称尺寸计算。

（2）将试件安放在试验机的下压板上,试件的承压面应与成型时的顶面垂直,试件中心应与试验机下压板中心对准。开动试验机,当上压板与试件接近时,调整球座,使接触面均衡受压。承压试验应连续而均匀地加荷,加荷速度应为 0.25 ～ 1.5 kN/s;砂浆强度不大于 2.5 MPa 时,取下限为宜,当试件接近破坏而开始迅速变形时,停止调整试验机油门,直至试件破坏,然后记录破坏荷载。

6.7.5　结果计算

（1）砂浆立方体抗压强度按式（6-4）计算,精确至 0.1 MPa：

$$f_{m,cu} = K\frac{N_u}{A} \tag{6-4}$$

式中　$f_{m,cu}$——砂浆立方体抗压强度,MPa；

　　　N_u——立方体破坏压力,N；

　　　A——试件承压面积,mm^2；

　　　K——换算系数,取 1.35。

（2）应以 3 个试件测值的算术平均值作为该组试件的砂浆立方体抗压强度平均值,精确至 0.1 MPa;当 3 个测值的最大值或最小值中有一个与中间值的差值超过中间值的 15% 时,应把最大值及最小值一并舍去,取中间值作为该组试件的抗压强度值;当两个测值与中间值的差值均超过中间值的 15% 时,该组试验结果应为无效。

第7章 砌体材料试验

7.1 砌墙砖试验

本试验方法适用于烧结砖和非烧结砖。烧结砖指烧结普通砖、烧结多孔砖以及烧结空心砖和空心砌块(以下简称空心砖);非烧结砖指蒸压灰砂砖、粉煤灰砖、炉渣砖和碳化砖等。共有尺寸偏差、外观质量、抗折强度、抗压强度、冻融、体积密度、石灰爆裂、泛霜、吸水率和饱和系数、孔洞及其结构、干燥收缩、碳化、放射性、传热系数等试验。本节仅介绍外观质量、尺寸测量、抗折强度、抗压强度等4项试验。

7.1.1 相关标准

GB/T 2542—2012 砌墙砖试验方法
GB/T 25183—2010 砌墙砖抗压强度试验用净浆材料
GB/T 25044—2010 砌墙砖抗压强度试样制备设备通用要求
GB 5101—2003 烧结普通砖
GB 11945—1999 蒸压灰砂砖

7.1.2 砌墙砖主规格

烧结普通砖:外形为直角六面体,其公称尺寸为:长240 mm、宽115 mm、高53 mm,根据抗压强度分为 MU30、MU25、MU20、MU15 和 MU10 等5个强度等级。

蒸压灰砂砖:外形为直角六面体,其公称尺寸为:长240 mm、宽115 mm、高53 mm,根据抗压强度和抗折强度分为 MU25、MU20、MU15 和 MU10 等4个强度等级。

7.1.3 批量及抽样

烧结普通砖出厂时每3.5万~15万块为一批,不足3.5万块按一批计。外观质量检验的样品采用随机抽样法从堆场抽取,其他检验项目的样品用随机抽样法从外观质量检验后的样品中抽取,抽样数量见表7-1。

蒸压灰砂砖:同类型的灰砂砖每10万块为一批,不足10万块亦为一批。尺寸偏差和外观质量检验的样品用随机抽样法从堆场中抽取,其他检验项目的样品用随机抽样法从尺寸偏差和外观质量检验合格的样品中抽取,抽样数量见表7-1。

表7-1　砌墙砖抽样数量

序号	检验项目	烧结普通砖	蒸压灰砂砖
1	外观质量检查	20	50
2	尺寸偏差	20	50
3	抗折强度试验	—	5
4	抗压强度试验	10	5

7.1.4　外观质量检查

外观质量检查包括缺损、裂纹、弯曲、杂质凸出高度、色差和垂直度差等方面。

7.1.4.1　主要仪器设备

（1）砖用卡尺：如图7-1所示，精度0.5 mm。

（2）钢直尺：精度1 mm。

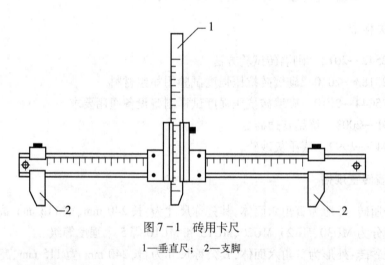

图7-1　砖用卡尺
1—垂直尺；2—支脚

7.1.4.2　缺损检验

缺棱掉角在砖上造成的破损程度，以破损部分对长、宽、高三个棱边的投影尺寸来度量，称为破坏尺寸。如图7-2所示。

缺损造成的破坏面，是指缺损部分对条、顶面的投影面积，如图7-3所示。

7.1.4.3　裂纹检验

裂纹分为长度方向、宽度方向和水平方向三种，以被测方向的投影长度表示。如果裂纹从一个面延伸至其他面上时，则累计其延伸的投影长度，如图7-4所示。裂纹长度以在3个方向上分别测得的最长裂纹作为测量结果。

7.1.4.4　弯曲检验

弯曲分别在大面和条面上测量，测量时将砖用卡尺的两支脚沿棱边两端放置，择其弯曲最大处将垂直尺推至砖面,如图7-5所示。但不应将因杂质或碰伤造成的凹处计算在内。以弯曲中测得的较大者作为测量结果。

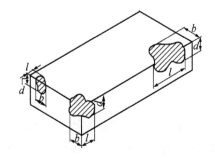

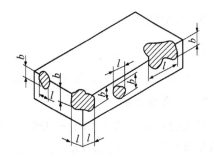

图7-2 缺棱掉角破坏尺寸量法

（单位:mm）

l—长度方向的投影尺寸；

b—宽度方向的投影尺寸；

d—高度方向的投影尺寸

图7-3 缺损在条、顶面上造成破坏面量法

（单位:mm）

l—长度方向的投影尺寸；

b—宽度方向的投影尺寸

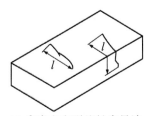

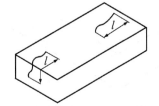

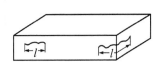

(a) 宽度方向裂纹长度量法　　(b) 长度方向裂纹长度量法　　(c) 水平方向裂纹长度量法

图7-4 裂纹长度量法(单位:mm)

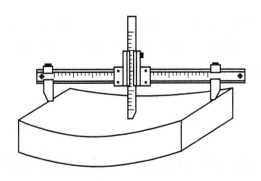

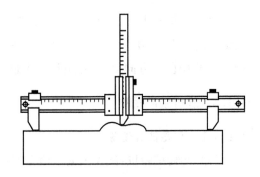

图7-5 弯曲量法

图7-6 杂质凸出高度量法

7.1.4.5 杂质突出高度检验

杂质在砖面上造成的凸出高度,以杂质距砖面的最大距离表示,测量时将砖用卡尺的两支脚置于凸出两边的砖平面上,以垂直尺测量,如图7-6所示。

7.1.4.6 色差检验

装饰面朝上随机分两排并列,在自然光下距离砖样2 m处目测。

7.1.4.7　结果计算

外观测量以毫米为单位,不足 1 mm 者,按 1 mm 计。

7.1.5　尺寸测量

7.1.5.1　主要仪器设备

砖用卡尺:如图 7-1 所示,精度 0.5 mm。

7.1.5.2　检验方法

长度应在砖的两个大面的中间处分别测量两个尺寸;宽度应在砖的两个大面的中间处分别测量两个尺寸;高度应在两个条面的中间处分别测量两个尺寸,如图 7-7 所示。当被测处有缺损或凸出时,可在其旁边测量,但应选择不利的一侧,精确至 0.5 mm。

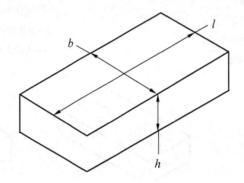

图 7-7　尺寸量法(单位:mm)

l—长度;　*b*—宽度;　*h*—高度

7.1.5.3　结果计算

每一方向尺寸以 2 个测量值的算术平均值表示,精确至 1 mm。样本平均偏差是 20 块试样同一方向 40 个测量尺寸的算术平均值减去其公称尺寸的差值,样本极差是抽检的 20 块试样中同一方向 40 个测量尺寸中最大测量值与最小测量值的差值。

7.1.6　抗折强度试验

7.1.6.1　主要仪器设备

(1)材料试验机:试验机的示值相对误差不大于 ±1%,其下加压板应为球铰支座,预期最大破坏荷载应在量程的 20%～80% 之间;

(2)抗折夹具:抗折试验的加荷形式为三点加荷,其上压辊和下支辊的曲率半径为15 mm,下支辊应有一个为铰接固定;

(3)钢直尺:精度 1 mm。

7.1.6.2　试样预处理

蒸压灰砂应放在温度为(20±5)℃的水中浸泡 24 h 后取出,用湿布拭去其表面水分进行抗折强度试验。

7.1.6.3　试验步骤

（1）测量试样的宽度和高度尺寸各 2 个,分别取算术平均值,精确至 1 mm。

（2）调整抗折夹具下支辊的跨距为砖规格长度减去 40 mm。但规格长度为 190 mm 的砖,其跨距为 160 mm。

（3）将试样大面平放在下支辊上,试样两端面与下支辊的距离应相同,当试样有裂缝或凹陷时,应使有裂缝或凹陷的大面朝下,以 50～150 N/s 的速度均匀加荷,直至试样断裂,记录最大破坏荷载 F。

7.1.6.4　结果计算

每块试样的抗折强度按式(7-1)计算,精确至 0.01 MPa。

$$p_C = \frac{3FL}{2bh^2} \tag{7-1}$$

式中　p_C——抗折强度,MPa；

　　　F——最大破坏荷载,N；

　　　L——跨距,mm；

　　　b——试样宽度,mm；

　　　h——试样高度,mm。

试验结果以试样抗折强度的算术平均值和单块最小值表示,精确至 0.01 MPa。

7.1.7　抗压强度试验

7.1.7.1　主要仪器设备

（1）材料试验机:试验机的示值相对误差不大于 1%,其上、下加压板至少应有一个球铰支座,预期最大破坏荷载应在量程的 20%～80% 之间；

（2）试件制备平台:必须平整水平,可用金属或其他材料制作；

（3）水平尺:规格为 250～300 mm；

（4）钢直尺:精度 1 mm；

（5）振动台、制样模具、搅拌机:应符合 GB/T 25044 的要求；

（6）切割设备；

（7）抗压试验用净浆材料:砌墙砖抗压强度试验用净浆材料,是以石膏(占总组分 60%)和细集料(占总组分 40%)为原料,掺入外加剂(占总组分 0.1%～0.2%),再加入适量的水(24%～26%),经符合规定的砂浆搅拌机搅拌均匀制成的,在砌墙砖抗压强度试验中,用于找平受压平面的浆体材料。净浆出厂为干料,两种原料分别包装。

7.1.7.2　试样制备

（1）一次成型制样。

一次成型制样适用于采用样品中间部位切割,交错叠加灌浆制成强度试验试样的方式。一次成型制样的步骤如下:

①将试样锯成两个半截砖,两个半截砖用于叠合部分的长度不得小于 100 mm,如图

91

7-8 所示。如果不足 100 mm,应另取备用试样补足。

②将已切割开的半截砖放入室温的净水中浸泡 20～30 min 后取出,在铁丝网架上滴水 20～30 min,以断口相反方向装入制样模具中。用插板控制 2 个半砖间距不应大于 5 mm,砖大面与模具间距不应大于 3 mm,砖断面、顶面与模具间垫以橡胶垫或其他密封材料,模具内表面涂油或脱膜剂。制样模具及插板如图 7-9 所示。

③将净浆材料按照配制要求,置于搅拌机搅拌均匀。

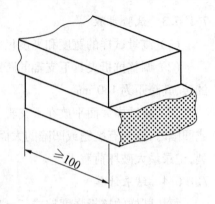

图 7-8 半砖叠合示意图(单位:mm)

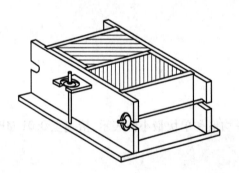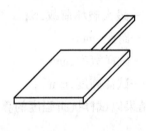

图 7-9 制样模具及插板

④将装好试样的模具置于振动台上,加入适量搅拌均匀的净浆材料,接通振动台电源,振动时间为 0.5～1 min,关闭电源,停止振动,静置至净浆材料达到初凝时间(15～19 min)后拆模。

(2)非成型制样。非成型制样适用于试样无需进行表面找平处理制样的方式。非成型制样的步骤如下:

①将试样锯成两个半截砖,两个半截砖用于叠合部分的长度不得小于 100 mm。如果不足 100 mm,应另取备用试样补足。

②两半截砖切断口相反叠放,叠合部分不得小于 100 mm,如图 7-8 所示,即为抗压强度试样。

7.1.7.3 试样养护

一次成型制样在不低于 10 ℃的不通风室内养护 4 h。

非成型制样不需养护,试样气干状态直接进行试验。

7.1.7.4 试验步骤

(1)测量每个试件连接面或受压面的长、宽尺寸各 2 个,分别取其平均值,精确至 1 mm。

(2)将试样平放在加压板的中央,垂直于受压面加荷,应均匀平稳,不得发生冲击或振动。加荷速度以 2～6 kN/s 为宜,直至试样破坏为止,记录最大破坏荷载 F。

7.1.7.5　结果计算

（1）单块试样的抗压强度按式（7-2）计算,精确至 0.01 MPa。

$$f_F = \frac{F}{Lb} \tag{7-2}$$

式中　f_F——单块试样抗压强度,MPa ;

　　　F——最大破坏荷载,N ;

　　　L——受压面（连接面）的长度,mm ;

　　　b——受压面（连接面）的宽度,mm。

（2）计算试样抗压强度的算术平均值,精确至 0.01 MPa。

（3）烧结普通砖试验后,按式（7-3）和式（7-4）分别计算出强度变异系数 δ、标准差 s。

$$\delta = \frac{s}{\bar{f}} \tag{7-3}$$

$$s = \sqrt{\frac{1}{9}\sum_{i=1}^{10}(f_i - \bar{f})^2} \tag{7-4}$$

式中　δ——砖强度变异系数,精确至 0.01 ;

　　　s——10 块试样的抗压强度标准差,精确至 0.01 MPa ;

　　　$\bar{f}$——10 块试样的抗压强度平均值,精确至 0.01 MPa ;

　　　f_i——单块试样抗压强度测定值,精确至 0.01 MPa。

① 当变异系数 $\delta \leqslant 0.21$ 时,应采用平均值-标准值方法评定砖的强度等级。

样本量 $n = 10$ 时的强度标准值按式（7-5）计算。

$$f_k = \bar{f} - 1.8s \tag{7-5}$$

式中　f_k——强度标准值,精确至 0.1 MPa。

② 当变异系数 $\delta > 0.21$ 时,采用平均值-最小值方法评定砖的强度等级,单块最小抗压强度值精确至 0.1 MPa。

（4）蒸压灰砂砖试验结果以试样抗压强度的算术平均值和单块最小值表示,精确至0.01 MPa。

7.1.8　技术要求

7.1.8.1　烧结普通砖技术要求

烧结普通砖技术要求包括外观质量、尺寸偏差、强度、抗风化能力、泛霜、石灰爆裂和放射性物质,其中外观质量要求见表 7-2,尺寸偏差要求见表 7-3,强度要求见表 7-4。

表7-2 烧结普通砖外观质量要求 单位:mm

项 目		优等品	一等品	合格品
两条面高度差,≤		2	3	4
弯曲,≤		2	3	4
杂质凸出高度,≤		2	3	4
缺棱掉角的三个破坏尺寸,不得同时大于		5	20	30
裂纹长度,≤	a.大面上宽度方向及其延伸至条面的长度	30	60	80
	b.大面上长度方向及其延伸至顶面的长度或条顶面上水平裂纹的长度	50	80	100
完整面*,不得少于		二条面和二顶面	一条面和一顶面	—
颜色		基本一致	—	—

注:为装饰面施加的色差、凹凸纹、拉毛、压花等不算作缺陷。

　*凡有下列缺陷之一者,不得称为完整面。

（a）缺损在条面或顶面上造成的破坏面尺寸同时大于10 mm×10 mm。

（b）条面或顶面上裂纹宽度大于1 mm,长度超过30 mm。

（c）压陷、粘底、焦花在条面或顶面上的凹陷或凸出超过2 mm,区域尺寸同时大于10 mm×10 mm。

表7-3 烧结普通砖尺寸偏差要求 单位:mm

公称尺寸	优等品		一等品		合格品	
	样本平均偏差	样本极差≤	样本平均偏差	样本极差≤	样本平均偏差	样本极差≤
240	±2.0	6	±2.5	7	±3.0	8
115	±1.5	5	±2.0	6	±2.5	7
53	±1.5	4	±1.6	5	±2.0	6

表7-4 烧结普通砖强度要求 单位:MPa

强度等级	抗压强度平均值 $\bar{f}$ ≥	变异系数 $\delta \leqslant 0.21$	变异系数 $\delta > 0.21$
		强度标准值 f_k ≥	单块最小抗压强度值 f_{min} ≥
MU30	30.0	22.0	25.0
MU25	25.0	18.0	22.0
MU20	20.0	14.0	16.0
MU15	15.0	10.0	12.0
MU10	10.0	6.5	7.5

7.1.8.2 蒸压灰砂砖技术要求

蒸压灰砂砖技术要求包括外观质量、尺寸偏差、颜色、强度和抗冻性,其中外观质量和尺寸偏差要求见表7-5,强度要求见表7-6。

表7-5　蒸压灰砂砖外观和尺寸偏差质量要求

项　目			指　标		
			优等品	一等品	合格品
尺寸允许偏差/mm	长度	l	±2	±2	±3
	宽度	b	±2		
	高度	h	±1		
缺棱掉角	个数,不多于/个		1	1	2
	最大尺寸不得大于/mm		10	15	20
	最小尺寸不得大于/mm		5	10	10
对应高度差不得大于/mm			1	2	3
裂　纹	条数,不多于/条		1	1	2
	大面上宽度方向及其延伸到条面的长度不得大于/mm		20	50	70
	大面上长度方向及其延伸到顶面上的长度或条、顶面水平裂纹的长度不得大于/mm		30	70	100

表7-6　蒸压灰砂砖强度要求　　　　　　　　单位:MPa

强度级别	抗压强度		抗折强度	
	平均值不小于	单块值不小于	平均值不小于	单块值不小于
MU25	25.0	20.0	5.0	4.0
MU20	20.0	16.0	4.0	3.2
MU15	15.0	12.0	3.3	2.6
MU10	10.0	8.0	2.5	2.0

注:优等品的强度级别不得小于MU15。

7.1.9　检验项目

烧结普通砖的出厂检验项目为外观质量、尺寸偏差和抗压强度。蒸压灰砂砖出厂检验项目为外观质量、尺寸偏差、颜色(本色蒸压灰砂砖不需检测)、抗压强度和抗折强度。

烧结普通砖进场检查项目为尺寸偏差和抗压强度。蒸压灰砂砖进场检查项目为尺寸偏差、抗压强度和抗折强度。

7.1.10　判定规则

7.1.10.1　烧结普通砖判定规则

(1)外观质量判定采用二次抽样方案,根据规定的质量指标,检查出其中不合格品数 d_1,按下列规则判定:

$d_1 \leqslant 7$ 时,外观质量合格; $d_1 \geqslant 11$ 时,外观质量不合格; $7 < d_1 < 11$ 时,需再次从该产品批中抽样50块检验,检查出不合格品数 d_2,按下列规则判定:

$(d_1 + d_2) \leqslant 18$ 时,外观质量合格;$(d_1 + d_2) \geqslant 19$ 时,外观质量不合格。

外观检验中有欠火砖、酥砖和螺旋纹砖则判该批产品不合格。

(2) 其他性能均应满足相应技术要求,否则判该项目不合格。

(3) 出厂检验质量等级的判定按出厂检验项目和在时效范围内最近一次型式检验中的其他项目中最低质量等级进行判定。其中有 1 项不合格,则判该批产品不合格。

7.1.10.2 蒸压灰砂砖判定规则

(1) 外观质量和尺寸偏差判定采用二次抽样方案,根据规定的质量指标,检查出其中不合格品数 d_1,按下列规则判定:

$d_1 \leqslant 5$ 时,外观质量合格;$d_1 \geqslant 9$ 时,外观质量不合格;$5 < d_1 < 9$ 时,需再次从该产品批中抽样 50 块检验,检查出不合格品数 d_2,按下列规则判定:

$(d_1 + d_2) \leqslant 12$ 时,外观质量合格;$(d_1 + d_2) \geqslant 13$ 时,外观质量不合格。

(2) 其他性能均应满足相应技术要求,否则判该项目不合格。

(3) 出厂检验质量等级的判定按出厂检验项目和在时效范围内最近一次型式检验中的其他项目中最低质量等级进行判定。其中有 1 项不合格,则判该批产品不合格。

7.2 蒸压加气混凝土砌块试验

本试验方法适用于工业与民用建筑物的承重和非承重墙体以及保温隔热使用的蒸压加气混凝土砌块。本节仅介绍干密度试验、含水率试验和抗压强度试验。

7.2.1 相关标准

GB 11968—2006 蒸压加气混凝土砌块

GB/T 11969—2008 蒸压加气混凝土性能试验方法

7.2.2 加气混凝土砌块主规格

加气混凝土砌块的规格尺寸见表 7-7。按强度分为 A1.0、A2.0、A2.5、A3.5、A5.0、A7.5 和 A10 等 7 个级别,按干密度分为 B03、B04、B05、B06、B07 和 B08 等 6 个级别。

表 7-7　砌块的规格尺寸　　　　　　　　　　　　　　　　单位:mm

长度 L	宽度 b			高度 h			
600	100	120	125	200	240	250	300
	150	180	200				
	240	250	300				

7.2.3 批量及抽样

同品种、同规格、同等级的加气混凝土砌块,以 10 000 块为一批,不足 10 000 块亦为一批。出厂检验时,在受检验的一批产品中,随机抽取 50 块砌块、进行尺寸偏差和外观检验。从外观与尺寸偏差检验合格的砌块中,随机抽取 6 块砌块制作试件,进行干体积密度和强度级别检验,各 3 组 9 块。

7.2.4　外观质量及尺寸偏差检验

外观质量检验包括缺棱掉角、裂纹、平面弯曲、爆裂、粘模、损坏深度、表面油污、表面疏松和层裂等方面。

7.2.4.1　主要仪器设备

量具:钢直尺、钢卷尺、深度游标卡尺,最小刻度为 1 mm。

7.2.4.2　尺寸测量

长度、高度、宽度分别在两个对应面的端部测量,各量 2 个尺寸(见图 7－10)。测量值大于规格尺寸的取最大值,测量值小于规格尺寸的取最小值。

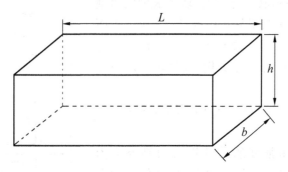

图 7－10　尺寸量测示意图

7.2.4.3　缺棱掉角检验

缺棱或掉角个数,目测。

测量砌块破坏部分对砌块的长、高、宽三个方向的投影面积尺寸,见图 7－2。

7.2.4.4　裂纹检验

裂纹条数,目测。

裂纹长度以所在面最大的投影尺寸为准,若裂纹从一面延伸至另一面,则以两个面上的投影尺寸之和为准,见图 7－4。

7.2.4.5　平面弯曲检验

测量弯曲面的最大缝隙尺寸,见图 7－11。

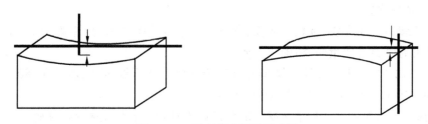

图 7－11　平面弯曲测量示意图

7.2.4.6　爆裂、粘模和损坏深度检验

将钢直尺平放在砌块表面,用深度游标卡尺垂直于钢直尺,测量其最大深度。

7.2.4.7 砌块表面油污、表面疏松、层裂检验

目测。

7.2.4.8 结果计算

试件的尺寸偏差以实际测量的长度、宽度和高度与规定尺寸的差值表示。

7.2.5 试件制备与要求

试件的制备，采用机锯或刀锯，锯时不得将试件弄湿。

体积密度和抗压强度的试件，沿制品膨胀方向中心部分上、中、下顺序锯取一组，"上"块上表面距离制品顶面 30 mm，"中"块在制品正中处，"下"块下表面离制品底面 30 mm。制品的高度不同，试件间隔略有不同。以高度 600 mm 的制品为例，试件锯取部位如图 7-12 所示。

试件必须逐块加以编号，并标明锯取部位和膨胀方向。

体积密度和抗压强度的试件均必须是外形为 100 mm×100 mm×100 mm 的正立方体，试件尺寸允许偏差为 2 mm。试件表面必须平整，不得有裂缝或明显缺陷。试件承压面的不平度应为每 100 mm 不超过 0.1 mm，承压面与相邻面的不垂直度不应超过 1°。

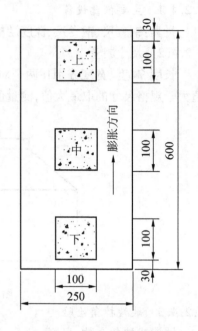

图 7-12　体积密度和抗压强度试件
锯取示意图（单位:mm）

7.2.6 干密度和含水率试验

7.2.6.1 主要仪器设备

（1）电热鼓风干燥箱:最高温度 200 ℃。

（2）天平:量程不小于 2 000 g，分度值 1 g。

（3）钢板直尺:规格为 300 mm，分度值为 0.5 mm。

7.2.6.2 试验步骤

（1）取试件一组 3 块，逐块量取长、宽、高三个方向的轴线尺寸，精确至 1 mm，计算试件的体积并称量试件质量 m，精确至 1 g。

（2）将试件放入电热鼓风干燥箱内，在（60±5）℃下保温 24 h，然后在（80±5）℃保温 24 h，再在（105±5）℃下烘至恒量（m_0）。

注:恒量是指在烘干过程中间隔 4 h，前后两次质量差不超过试件质量的 0.5%。

7.2.6.3 结果计算

干密度按式（7-6）计算，精确至 1 kg/m³。

$$\rho_0 = \frac{m_0}{V} \times 10^6 \qquad (7-6)$$

式中　ρ_0——干密度，kg/m³;

m_0——试件烘干后质量,g;

V——试件体积,mm³。

含水率按式(7-7)计算,精确至0.1%。

$$w_S = \frac{m - m_0}{m_0} \times 100\%$$ (7-7)

式中　w_S——含水率,%;

m_0——试件烘干后质量,g;

m——试件烘干前的质量,g。

干密度和含水率的试验结果,按3块试件试验值的算术平均值进行评定。

7.2.7　抗压强度试验

7.2.7.1　主要仪器设备

(1)材料试验机:精度不应低于±2%,其量程的选择应能使试件的预期最大破坏荷载处在全量程的20%~80%范围内;

(2)电热鼓风干燥箱:最高温度200 ℃;

(3)天平:量程不小于2 000 g,分度值1 g;

(4)钢板直尺:规格为300 mm,分度值为0.5 mm。

7.2.7.2　试件含水状态

(1)试件在质量含水率为8%~12%下进行试验。

(2)如果质量含水率超过上述规定范围,则在(60±5)℃下烘至所要求的含水率。

7.2.7.3　试验步骤

(1)检查试件外观,试件受力面必须锉平或磨平。

(2)测量试件的尺寸,精确至1 mm,并计算试件的受压面积(A_1)。

(3)将试件放在材料试验机的下压板的中心位置,试件受压方向应垂直于制品的发气方向。

(4)开动试验机,当上压板与试件接近时,调整球座,使接触均衡。

(5)以(2.0±0.5)kN/s的速度连续而均匀地加荷,直至试件破坏,记录破坏荷载(F_1)。

(6)将试验后的试件全部或部分立即称质量,然后在(105±5)℃下烘至恒量,计算其含水率。

7.2.7.4　结果计算

抗压强度按式(7-8)计算,精确至0.1 MPa。

$$f_{cc} = \frac{F_1}{A_1}$$ (7-8)

式中　f_{cc}——试件的抗压强度,MPa;

F_1——破坏荷载,N;

A_1——试件受压面积,mm²。

强度的试验结果,按3块试件试验值的算术平均值进行评定。

7.2.8 技术要求

蒸压加气混凝土砌块技术要求包括外观质量、尺寸偏差、强度、干密度、干燥收缩值、抗冻性和导热系数,其中外观质量和尺寸偏差要求见表7-8,砌块的立方体抗压强度见表7-9,砌块的干密度见表7-10,砌块的强度级别见表7-11。

表7-8 蒸压加气混凝土砌块外观质量和尺寸偏差要求

项　　目			指标	
			优等品	合格品
尺寸允许偏差/mm	长度	L	±3	±4
	宽度	b	±1	±2
	高度	h	±1	±2
缺棱掉角	最小尺寸/mm,不得大于		0	30
	最大尺寸/mm,不得大于		0	70
	大于以上尺寸的缺棱掉角个数/个,不多于		0	2
裂纹长度	贯穿一棱二面的裂纹长度不得大于裂纹所在面的裂纹方向尺寸总和的		0	1/3
	任一面上的裂纹长度不得大于裂纹方向尺寸的		0	1/2
	大于以上尺寸的裂纹条数/条,不得多于		0	2
爆裂、粘模和损坏深度/mm,不得大于			10	30
平面弯曲			不允许	
表面疏松、层裂			不允许	
表面油污			不允许	

表7-9 砌块的立方体抗压强度要求　　　单位:MPa

强度级别	立方体抗压强度	
	平均值不小于	单组最小值不小于
A1.0	1.0	0.8
A2.0	2.0	1.6
A2.5	2.5	2.0
A3.5	3.5	2.8
A5.0	5.0	4.0
A7.5	7.5	6.0
A10.0	10.0	8.0

表 7-10　砌块的干密度要求　　　　　　　单位:kg/m³

干密度级别		B03	B04	B05	B06	B07	B08
干密度	优等品(A)≤	300	400	500	600	700	800
	合格品(B)≤	325	425	525	625	725	825

表 7-11　砌块的强度级别

干密度级别		B03	B04	B05	B06	B07	B08
强度级别	优等品(A)	A1.0	A2.0	A3.5	A5.0	A7.5	A10.0
	合格品(B)			A2.5	A3.5	A5.0	A7.5

7.2.9　检验项目

蒸压加气混凝土砌块的出厂检验项目为尺寸偏差、外观质量、立方体抗压强度和干密度。

蒸压加气混凝土砌块的进场检验项目为尺寸偏差、立方体抗压强度和干密度。

7.2.10　判定规则

受检的 50 块砌块中,尺寸偏差和外观不符合表 7-8 规定的砌块数量不超过 5 块时,判定该批砌块符合相应等级;若不符合表 7-8 规定的砌块数量超过 5 块时,判该批砌块不符合相应等级。

以 3 组干密度试件的测定结果平均值判定砌块的干密度级别,符合表 7-10 规定时则判该批砌块合格。

以 3 组抗压强度试件测定结果平均值按表 7-9 判定其强度级别。当强度和干密度级别关系符合表 7-11 规定,同时 3 组试件中各个单组抗压强度平均值全部大于表 7-11 规定的此强度级别的最小值时,判该批砌块符合相应等级;若有 1 组或 1 组以上小于此强度级别的最小值时,判该批砌块不符合相应等级。

各项检验全部符合相应等级的技术要求规定时,判定为相应等级;否则降等或判定为不合格。

第8章 钢筋试验

钢筋试验包括尺寸、外形、质量及允许偏差、化学成分(熔炼分析)、拉伸、弯曲、反向弯曲、表面质量等,本章仅介绍拉伸和弯曲两项。

8.1 相关标准

GB/T 228.1—2010 金属材料 拉伸实验 第1部分:室温试验方法
GB/T 232—2010 金属材料 弯曲试验方法
GB 1499.1—2008 钢筋混凝土用钢第1部分:热轧光圆钢筋
GB 1499.2—2007 钢筋混凝土用钢第2部分:热轧带肋钢筋
GB 50204—2015 混凝土结构工程施工质量验收规范

8.2 钢筋主规格

(1)热轧带肋钢筋的牌号由 HRB 或 HRBF 以及牌号的屈服点最小值构成,分为普通热轧钢筋 HRB335、HRB400 和 HRB500,细晶粒热轧钢筋 HRBF335、HRBF400 和 HRBF500。钢筋的公称直径范围为 6～50 mm,推荐的钢筋公称直径为 6 mm、8 mm、10 mm、12 mm、16 mm、20 mm、25 mm、32 mm、40 mm 和 50 mm。

(2)热轧光圆钢筋的强度等级代号为 HPB235 和 HPB300。钢筋的公称直径范围为 6～22 mm,推荐的钢筋公称直径为 6 mm、8 mm、10 mm、12 mm、16 mm 和 20 mm。

8.3 编号与取样

8.3.1 编号

每批由同一牌号、同一炉罐号、同一尺寸的钢筋组成,每批质量通常不大于60 t。允许由同一牌号、同一冶炼方法、同一浇注方法的不同炉罐号组成混合批,但各炉罐号含碳量之差不大于0.02%,含锰量之差不大于0.15%。

8.3.2 取样

钢筋应按批进行检查和验收,每批钢筋检查项目的取样数量应符合表8-1的规定。

钢筋力学、弯曲试样不允许进行车削加工。

表 8-1　钢筋抽样数量

序号	检验项目	热轧带肋钢筋	热轧光圆钢筋
1	拉伸	2	2
2	弯曲	2	2

注:拉伸与弯曲试验用的是 2 个试样应从两根钢筋中切取。

8.4　拉伸试验

8.4.1　试验原理

试验用拉力拉伸试样,一般拉至断裂,测定钢筋的屈服强度、抗拉强度、伸长率等项目。试验一般在室温 10 ~ 35 ℃ 范围内进行,对温度要求严格的试验,试验温度应为 (23 ± 5) ℃。

8.4.2　试样制备

试样自每批钢筋中随机抽取两根钢筋取样,试样的长度应满足以下要求。

(1) 试样的原始标距 (L_0) 取 $5d$ 或 $10d$(d 为钢筋公称直径)。

(2) 试样在试验机两夹头间的自由长度 (L_c) 应使试样原始标距的标记与最接近夹头间的距离不小于 $1.5d$,即 $L_c \geqslant L_0 + 3d$。

(3) 试样总长度取决于夹持方法,原则上 $L_t > L_c + 4d$,即 L_t 应大于 $12d$(原始标距取 $5d$)或 $17d$(原始标距取 $10d$),通常取样长度为 500 mm 左右。

8.4.3　主要仪器设备

(1) 试验机:应为 1 级或优于 1 级准确度。

(2) 引伸计:测定上屈服强度、下屈服强度应使用不劣于 1 级准确度的引伸计;测定具有较大延伸率的性能,如抗拉强度、最大力总延伸率以及断后伸长率,应使用不劣于 2 级准确度的引伸计。

(3) 钢筋打点机、游标卡尺(精度为 0.1 mm)、天平等。

8.4.4　试验步骤

(1) 在试样原始标距范围内,按 10 等分用小标记、细画线或细墨线画线(或用钢筋打点机打点),但不得用引起过早断裂的缺口作标记。有时可以在试样表面画 1 条平行于试样纵轴的线,并在此线上标记原始标距。

(2) 测定试样原始横截面积。热轧带肋钢筋和热轧光圆钢筋采用公称截面积,无需测量。其余钢筋应用量具测定试样原始尺寸(当直径小于 10 mm 时,量具精度应不小于

0.01 mm;当直径大于 10 mm 时,量具精度应不小于 0.05 mm),测量尺寸精确至 0.5%。对于圆形横截面试样,应在标距的两端及中间 3 处两个相互垂直的方向测量直径,取其算术平均值,取用 3 处测得的横截面积的平均值。也可根据测量的试样长度、试样质量和材料密度确定其原始横截面积,长度的测量应精确至 0.5%,质量的测定应精确至 0.5%。

(3) 将试件固定在试验机夹具中。

(4) 开动试验机进行拉伸,在弹性范围和直至上屈服强度,试验机夹头的分离速率应尽可能保持恒定并在 6～60 MPa/s 的范围内;测定下屈服强度时,在试样平行长度的屈服期间应变速率应在 0.000 25～0.002 5/s 之间;屈服后测定抗拉强度时,试样平行长度的应变速率不应超过 0.008/s,直至试件拉断。

(5) 测定断后伸长率,应将试样断裂的部分仔细地配接在一起,使其轴线处于同一直线上,并采取特别措施确保试样断裂部分适当接触后测量试样断后标距。应使用分辨率优于 0.1 mm 的量具或测量装置测定断后标距,精确至 0.25 mm。原则上只有断裂处与最接近的标距标记的距离不小于原始标距的 1/3 情况方为有效,但断后伸长率大于或等于规定值,不管断裂位置处于何处测量均为有效。

(6) 试验出现下列情况之一其试验结果无效,应重做同样数量试样的试验:试样断在标距外或断在机械刻画的标距标记上,而且断后伸长率小于规定最小值;试验期间设备发生故障,影响了试验结果。此外,试验后试样出现 2 个或 2 个以上的缩颈以及显示出肉眼可见的冶金缺陷(例如分层、气泡、夹渣、缩孔等),应在试验记录和报告中注明。

8.4.5 结果计算

屈服强度(δ_s)和抗拉强度(δ_b)分别按式(8-1)和式(8-2)计算,精确到 5 MPa:

$$\delta_s = \frac{F_{eL}}{S_0} \tag{8-1}$$

$$\delta_b = \frac{F_m}{S_0} \tag{8-2}$$

式中　F_{eL}——在屈服期间,不计初始瞬时效应的最小力,kN;

F_m——最大力,试样在屈服阶段之后所能抵抗的最大力。对于无明显屈服(连续屈服)的金属材料,为试验期间的最大力,kN;

S_0——原始横截面积,mm²,应至少保留 4 位有效数字,见表 8-2。以直径(d)计算原始横截面积时,按照式(8-3)计算;以质量法计算原始横截面积时,按照式(8-4)计算。

$$S_0 = \frac{1}{4}\pi d^2 \tag{8-3}$$

$$S_0 = \frac{m}{7.85L} \times 1\ 000 \tag{8-4}$$

式中　m——试件质量,g;

L——试件长度,mm。

表 8-2 钢筋的公称横截面面积

公称直径 /mm	公称横截面面积 /mm²	公称直径 /mm	公称横截面面积 /mm²	公称直径 /mm	公称横截面面积 /mm²
6	28.27	16	201.1	28	615.8
8	50.27	18	254.5	32	804.2
10	78.54	20	314.2	36	1 018
12	113.1	22	380.1	40	1 257
14	153.9	25	490.9	50	1 964

断后伸长率按式(8-5)计算,精确至 0.5%。

$$\delta_5(或 \delta_{10}) = \frac{L_1 - L_0}{L_0} \times 100\% \tag{8-5}$$

式中　L_1——断后标距,mm;

　　　L_0——原始标距,mm。

8.5　冷弯试验

8.5.1　试验原理

弯曲试验是以圆形、方形、矩形或多边形横截面试样在弯曲装置上经受弯曲塑性变形,不改变加力方向,直至达到规定的弯曲角度。试验一般在室温 10～35 ℃ 的范围内进行,对温度要求严格的试验,试验温度应为(23±5)℃。

弯曲试验时,试样两臂的轴线保持在垂直于弯曲轴的平面内。如为弯曲 180°的弯曲试验,按照相关产品标准的要求,将试样弯曲至两臂相互平行且相距规定距离或两臂直接接触。

8.5.2　试样制备

试样自每批钢筋中随机抽取两根钢筋取样,钢筋类产品均以其全截面进行试验,不允许进行切削,试样的长度可按式(8-6)确定。通常取样长度为 250 mm 左右;当钢筋直径超过 28 mm 时,取样长度为 300 mm。

$$L = 0.5 \pi(d + a) + 140 \tag{8-6}$$

式中　π——圆周率,其值取 3.1;

　　　d——弯心直径,mm;

　　　a——试样直径,mm。

8.5.3　主要仪器设备

试验机或压力机:配备支辊式、V 形模具式、虎钳式或翻板式中的一种弯曲装置。

支辊式弯曲装置见图8-1,其中支辊长度应大于试样宽度或直径,支辊半径应为试样厚度的1～10倍,支辊应具有足够的硬度。弯曲压头宽度应大于试样宽度或直径,弯曲压头应具有足够的硬度。

8.5.4 试验步骤

(1) 按试样种类和牌号计算支辊间距离(式(8-7)),并调整两支辊间距满足要求,此距离在试验期间应保持不变。

$$l = (d + 3a) \pm 0.5a \qquad (8-7)$$

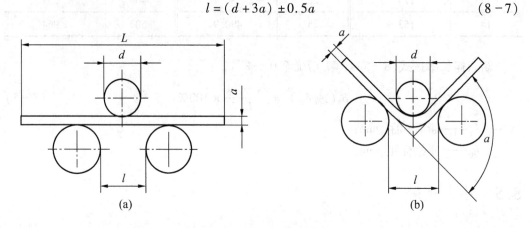

图8-1 支辊式弯曲装置

(2) 根据相关产品标准中规定选取弯曲压头直径和弯曲角度(见表8-3),并安装合适尺寸的冷弯头。相关产品标准规定的弯曲角度认作为最小值,规定的弯曲半径认作为最大值。

表8-3 钢筋弯心直径和弯曲角度

钢筋种类	牌号	公称直径 a/mm	弯心直径 d	弯曲角度
热轧光圆钢筋	HPB235	6～22	a	180°
	HPB300			
热轧带肋钢筋	HRB335,HRBF335	6～25	$3a$	180°
		28～40	$4a$	
		>40～50	$5a$	
	HRB400,HRBF400	6～25	$4a$	
		28～40	$5a$	
		>40～50	$6a$	
	HRB500,HRBF500	6～25	$6a$	
		28～40	$7a$	
		>40～50	$8a$	

(3) 将试样放于两支辊(见图8-1a)上,试样轴线应与弯曲压头轴线垂直,弯曲压头在两支座之间的中点处,对试样连续施加力使其弯曲,直至达到规定的弯曲角度。如不能

直接达到规定的弯曲角度,应将试样置于两平行压板之间(见图8-2),连续施加压力使其两端进一步弯曲,直至达到规定的弯曲角度。

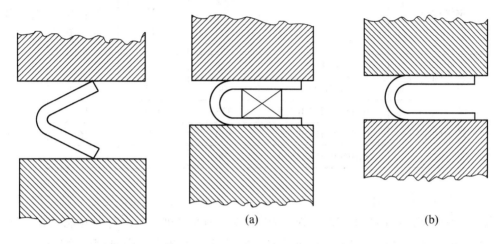

图8-2 试样置于两平行压板之间   图8-3 试样弯曲至两臂平行

（4）试样弯曲180°至两臂相距规定距离且相互平行的试验,首先采用图8-1的方法对试样进行初步弯曲(弯曲角度应尽可能大),然后将试样置于两平行压板之间(见图8-2),连续施加压力使其两端进一步弯曲,直至两臂平行(见图8-3)。试验时可以加或不加垫块。除非产品标准中另有规定,垫块厚度应等于规定的弯曲压头直径。

（5）试样弯曲至两臂直接接触的试验,应首先将试样进行初步弯曲(弯曲角度应尽可能大),然后将试样置于两平行压板之间(见图8-2),连续施加压力使其两端进一步弯曲,直至两臂直接接触(见图8-4)。

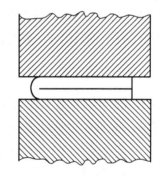

图8-4 试样弯曲至两臂直接接触

（6）弯曲试验时,应缓慢施加弯曲力。

（7）试验结束后,取下试件。

8.6 技术要求

8.6.1 热轧带肋钢筋

热轧带肋钢筋的技术要求包括化学成分、交货状态、力学性能、工艺性能和表面质量。钢筋的力学性能应符合表8-4的要求。钢筋在最大力下的总伸长率不小于2.5%,供方如能保证钢筋符合要求,可不做检验。

表 8-4　钢筋的力学性能

钢筋种类	牌号	屈服强度 δ_s /Mpa 不小于	抗拉强度 δ_b/Mpa 不小于	断后伸长率/% 不小于	最大力总伸长率/% 不小于
热轧光圆钢筋	HPB235	235	370	25	10
	HPB300	300	420		
热轧带肋钢筋	HRB335,HRBF335	335	455	17	7.5
	HRB400,HRBF400	400	540	16	
	HRB500,HRBF500	500	630	15	

工艺性能包括弯曲性能和反向弯曲性能。弯曲性能按规定的弯心直径弯曲 180°后，钢筋受弯曲部位不得产生裂纹。根据需方要求，钢筋可进行反向弯曲性能试验。反向弯曲试验的弯心直径比弯曲试验相应增加一个钢筋直径，先正向弯曲 45°，后反向弯曲 23°，经反向弯曲试验后，钢筋弯曲部位表面不得产生裂纹。

表面质量要求为：钢筋表面不得有裂纹、结疤和折叠；钢筋表面允许有凸块，但不得超过横肋的高度，钢筋表面上其他缺陷的深度和高度不得大于所在部位尺寸的允许偏差。

8.6.2　热轧光圆钢筋

热轧光圆钢筋的技术要求包括化学成分、冶炼方法、交货状态、力学性能、工艺性能和表面质量。钢筋的力学性能应符合表 8-4 的要求。弯曲性能按规定的弯心直径弯曲 180°后，钢筋弯曲部位不得产生裂纹。

表面质量要求为：钢筋表面不得有裂纹、结疤和折叠；钢筋表面凸块和其他缺陷的深度和高度不得大于所在部位尺寸的允许偏差。

8.7　检验项目

钢筋出厂时应检验项目为化学成分（熔炼分析）、拉伸、弯曲、反向弯曲、疲劳试验、尺寸、表面、重量偏差、晶粒度等项目。钢筋进场时应分批检验其外观质量、力学性能和弯曲性能。钢筋进场时，当一次进场数量大于该产品的出厂检验批量时，应划分为若干个出厂检验批量进行检验；当一次进场数量小于或等于该产品的出厂检验批量时，应作为一个批进行检验；对连续进场的同批钢筋，当有可靠依据时，可按一次进场的钢筋处理。

8.8　判定规则

如果每组试样均能满足技术要求的规定，则产品合格。如有某一项试验结果不符合标准要求，则从同一批中再任取双倍数量的试样进行该不合格项目的复检。

复检时可以将抽样产品从试验单元中挑出,也可不挑出,但应采用下列方法进行:

(1) 如果抽样产品从试验单元中挑出,检验代表应随机从同一试验单元中选出另外两个抽样产品。然后从两个抽样产品中分别制取试样,在与第一次试验相同的条件下再做一次同类型的试验。

(2) 如果抽样产品保留在试验单元中,应按(1)的规定步骤进行,但是重取的试样必须有一个是从保留在试验单元中的抽样产品上切取。

复检结果即使有一个指标不合格,整批判为不合格,不得交货。

第9章 无机结合料稳定材料试验

无机结合料稳定材料试验主要包括无机结合料材质试验、无机结合料含量试验(水泥或石灰剂量测定)、无机结合料稳定材料物理力学性能试验(含水量、击实试验、无侧限抗压强度、间接抗拉强度、抗压回弹模量)等。本章介绍击实试验和无侧限抗压强度两项试验。

9.1 相关标准

JTG/T F20—2015 公路路面基层施工技术细则
JTG E51—2009 公路工程无机结合料稳定材料试验规程

9.2 取样方法

应根据试验目的,采用不同的取样方法。可用下列方法之一将整个样品缩小到每个试验所需要的合适质量。

9.2.1 四分法

需要时应加清水使主样品变湿。充分拌和主样品:在一块清洁、平整、坚硬的面上将料堆成一个圆锥体,用铲翻动此锥体并形成一个新锥体,这样重复进行三次。在形成每一个锥体堆时,铲中的料要放在锥顶,使滑到边部的那部分料尽可能分布均匀,使锥体的中心不移动。

将平头铲反复交错垂直插入最后一个锥体的顶部,使锥体顶变平,每次插入后提起铲时不要带有材料。沿两个垂直的直径,将已变成平顶的锥体料堆分成四部分,尽可能使这四部分料的质量相同。

将对角的一对料(如一、三象限为一对,二、四象限为另一对)铲到一边,将剩余的一对料铲到一边。重复上述拌和以及缩小的过程,直到达到要求的样品质量。

9.2.2 分料器法

如果集料中含有粒径 2.36 mm 以下的细料,材料应该是表面干燥的。将材料充分拌和后通过分料器,保留一部分,将另一部分再次通过分料器。这样重复进行,直到将原样品缩小到需要的质量。

9.3　击实试验

9.3.1　适用范围

击实试验是在规定的试筒内,对水泥稳定材料(在水泥水化前)、石灰稳定材料及石灰(或水泥)粉煤灰稳定材料进行击实,以绘制稳定材料的含水量-干密度关系曲线,从而确定其最佳含水量和最大干密度。击实试验方法分三类,各类方法的主要参数列于表 9-1。

表 9-1　试验方法类别

类别	锤的质量 /kg	锤击面直径 /cm	落高/cm	试筒尺寸			锤击层数	每层锤击次数	平均单位击实功/J	容许最大粒径 /mm
				内径/cm	高/cm	容积/cm³				
甲	4.5	5.0	45	10.0	12.7	997	5	27	2.687	19.0
乙	4.5	5.0	45	15.2	12.0	2 177	5	59	2.687	19.0
丙	4.5	5.0	45	15.2	12.0	2 177	3	98	2.677	37.5

9.3.2　主要仪器设备

(1)击实筒:小型,内径 100 mm,高 127 mm 的金属圆筒,套环高 50 mm,底座;中型,内径 152 mm,高 170 mm 的金属圆筒,套环高 50 mm,直径 151 mm 和高 50 mm 的筒内垫块,底座。

(2)多功能自控电动击实仪:击锤的底面直径 50 mm,总质量 4.5 kg。击锤在导管内的总行程为 450 mm。可设置击实次数,并保证击锤自由竖直落下,落高应为 450 mm,锤迹均匀分布于试样面。

(3)天平:量程 4 000 g,分度值 0.01 g。

(4)台秤:量程 15 kg,分度值 0.1 g。

(5)方孔筛:孔径 53 mm、37.5 mm、26.5 mm、19 mm、4.75 mm 和 2.36 mm 的筛各 1 个。

(6)量筒:50 mL、100 mL 和 500 mL 的量筒各 1 个。

(7)直刮刀:长 200～250 mm,宽 30 mm 和厚 3 mm,一侧开口的直刮刀,用以刮平和修饰粒料大试件的表面。

(8)刮土刀:长 150～200 mm、宽约 20 mm 的刮刀。用以刮平和修饰小试件的表面。

(9)工字形刮平尺:30 mm×50 mm×310 mm,上下两面和侧面均刨平。

(10)拌和工具:约 400 mm×600 mm×70 mm 的长方形金属盘,拌和用平头小铲等。

(11)脱模器。

(12)测定含水量用的铝盒、烘箱等其他用具。

（13）游标卡尺。

9.3.3　试料准备

将具有代表性的风干试料（必要时，也可以在 50℃烘箱内烘干）用木槌或木碾捣碎。土团均应捣碎到能通过 4.75 mm 的筛孔。但应注意不使粒料的单个颗粒破碎或不使其破碎程度超过施工中拌和机械的破碎率。

如试料是细粒土，将已捣碎的具有代表性的土过 4.75 mm 筛备用（用甲法或乙法做试验）。

如试料中含有粒径大于 4.75 mm 的颗粒，则先将试料过 19 mm 的筛，如存留在筛孔 19 mm 筛的颗粒的含量不超过 10%，则过 26.5 mm 筛，留作备用（用甲法或乙法做试验）。

如试料中粒径大于 19 mm 的颗粒含量超过 10%，则将试料过 37.5 mm 的筛；如果存留在 37.5 mm 筛上的颗粒含量不超过 10%，则过 53 mm 的筛备用（用丙法做试验）。

每次筛分后，均应记录超尺寸颗粒的百分率。

预定做击实试验的前一天，取有代表性的试料测定其风干含水量。对于细粒土，试样应不少于 100 g；对于中粒土，试样应不少于 1000 g；对于粗粒土的各种集料，试样应不少于 2 000 g。

在试验前用游标卡尺准确测量试模的内径、高和垫块的厚度，以计算试筒的容积。

9.3.4　试验步骤

9.3.4.1　甲法试验步骤

（1）将已筛分的试样用四分法逐次分小，至最后取出 10～15 kg 试料。再用四分法将已取出的试料分成 5～6 份，每份试料的干质量为 2.0 kg（对于细粒土）或 2.5 kg（对于各种中粒土）。

（2）预定 5～6 个不同含水量，依次相差 0.5%～1.5%[①]，且其中至少有两个大于和两个小于最佳含水量。对于细粒土，可参照其塑限估计素土的最佳含水量。一般其最佳含水量较塑限小 3%～10%，对于砂性土接近 3%，对于黏性土为 6%～10%。天然砂砾土，级配集料等的最佳含水量与集料中细土的含水量和塑性指数有关，一般变化在 5%～12% 之间。对于细土少的、塑性指数为 0 的未筛分碎石，其最佳含水量接近 5%。对于细土偏多的、塑性指数较大的砂砾土，其最佳含水量在 10% 左右。水泥稳定土的最佳含水量与素土的接近，石灰稳定土的最佳含水量可能较素土大 1%～3%。

（3）按预定含水量制备试样。将 1 份试料平铺于金属盘内，将事先计算好的该份试料中应加的水量均匀地喷洒在试料上，用小铲将试料充分拌和到均匀状态（如为石灰稳定材料、石灰粉煤灰综合稳定材料、水泥粉煤灰综合稳定材料和水泥、石灰综合稳定材料，可将石灰、粉煤灰和试料一起拌匀），然后装入密闭容器或塑料口袋内浸润备用。

浸润时间：黏质土 12～24 h，粉质土 6～8 h，砂性土、砂砾土、红土砂砾、级配砂砾等

---

① 对于中、粗粒土，在最佳含水量附近取 0.5%，其余取 1%。对于细粒土，取 1%，但对于黏土，特别是重黏土，可能需要取 2%。

可以缩短到 4 h 左右,含土很少的未筛分碎石、砂砾和砂可缩短到 2 h。浸润时间一般不超过 12 h。

应加水量可按式(9-1)计算:

$$m_W = \left(\frac{m_n}{1 + 0.01w_n} + \frac{m_c}{1 + 0.01w_c} \right) \times 0.01w -$$

$$\frac{m_n}{1 + 0.01w_n} \times 0.01w_n - \frac{m_c}{1 + 0.01w_c} \times 0.01w_c \qquad (9-1)$$

式中 m_W——混合料中应加的水量,g;

m_n——混合料中素土(或集料)的质量,g,其原始含水量为 w_n,即风干含水量,%;

m_c——混合料中水泥或石灰的质量,g,其原始含水量为 w_c;

w——要求达到的混合料的含水量,%。

(4) 将所需要的稳定剂水泥加到浸润后的试料中,并用小铲、泥刀或其他工具充分拌和到均匀状态。加有水泥的试样拌和后,应在 1 h 内完成下述击实试验,拌和后超过 1 h 的试样,应予作废(石灰稳定材料和石灰粉煤灰稳定材料除外)。

(5) 试筒套环与击实底板应紧密联结。将击实筒放在坚实地面上,取制备好的试样(仍用四分法)400~500 g(其量应使击实后的试样等于或略高于筒高的 1/5)倒入筒内,整平其表面并稍加压紧,然后将其安装到多功能自控电动击实仪上,设定所需锤击次数,进行第一层试样的击实。第一层击实后,检查该层高度是否合适,以便调整以后几层的试样用量。用刮土刀或改锥将已击实层的表面"拉毛",然后重复上述做法,进行其余四层试样的击实。最后一层试样击实后,试样超出试筒顶的高度不得大于6 mm,超出高度过大的试件应该作废。

(6) 用刮土刀沿套环内壁削挖(使试样与套环脱离)后,扭动并取下套环。齐筒顶细心刮平试样,并拆除底板。如试样底面略突出筒外或有孔洞,则应细心刮平或修补。最后用工字型刮平尺齐筒顶和筒底将试样刮平。擦净试筒的外壁,称其质量 m_1。

(7) 用脱模器推出筒内试样。从试样内部从上到下取两个有代表性的样品(可将脱出试件用锤打碎后,用四分法采取),测定其含水量,精确至 0.1%。两个试样的含水量的差值不得大于1%。所取样品量见表 9-2(如只取一个样品测定含水量,则样品的质量应为表列数值的两倍)。擦净试筒,称其质量 m_2。烘箱的温度应事先调整到 110℃ 左右,以使放入的试样能立即在 105~110℃ 的温度下烘干。

表 9-2 测稳定土含水量的样品质量

最大粒径/mm	2.36	19	37.5
样品质量/g	约 50	约 300	约 1 000

(8) 按上述步骤(3)~步骤(7)进行其余含水量下稳定材料的击实和测定工作。凡已用过的试样,一律不再重复使用。

9.3.4.2 乙法试验步骤

在缺乏内径 10 cm 的试筒时,以及在需要与承载比等试验结合起来进行时,采用乙法进行击实试验。本法更适宜于粒径达 19 mm 的集料。

（1）将已过筛的试料用四分法逐次分小，至最后取出约 30 kg 试料。再用四分法将取出的试料分成 5～6 份，每份试料的干重约为 4.4 kg（细粒土）或 5.5 kg（中粒土）。

（2）以下各步的做法与 9.3.4.1 中步骤（2）～步骤（8）相同，但应该先将垫块放入筒内底板上，然后加料并击实。所不同的是，每层需取制备好的试样约 900 g（对于水泥或石灰稳定细粒土）或 1100 g（对于稳定中粒土），每层的锤击次数为 59 次。

9.3.4.3　丙法试验步骤

（1）将已过筛的试料用四分法逐次分小，至最后取出约 33 kg 试料。再用四分法将取出的试料分成 6 份（至少要 5 份），每份约 5.5 kg（风干质量）。

（2）预定 5～6 个不同含水量，依次相差 0.5%～1.5%。在估计的最佳含水量左右可只差 0.5%～1%；对于水泥稳定材料，在最佳含水率附近取 0.5%；对于石灰、二灰稳定类材料，根据具体情况在最佳含水量附近取 1%。

（3）同 9.3.4.1 步骤（3）。

（4）同 9.3.4.1 步骤（4）。

（5）将试筒、套环与夯击底板紧密地联结在一起，并将垫块放在筒内底板上。击实筒应放在坚实（最好是水泥混凝土）地面上，取制备好的试样 1.8 kg 左右（其量应使击实后的试样略高于（高出 1～2 mm）筒高的 1/3）倒入筒内，整平其表面，并稍加压紧。然后将其安装到多功能自控电动击实仪上，设定所需锤击次数，进行第一层试样的击实。第一层击实后检查该层的高度是否合适，以便调整以后两层的试样用量。用刮土刀或改锥将已击实层的表面“拉毛”，然后重复上述做法，进行其余两层试样的击实。最后一层试样击实后，试样超出试筒顶的高度不得大于 6 mm，超出高度过大的试件应该作废。

（6）用刮土刀沿套环内壁削挖（使试样与套环脱离）后，扭动并取下套环。齐筒顶细心刮平试样，并拆除底板，取走垫块。擦净试筒的外壁，称其质量 m_1。

（7）用脱模器推出筒内试样。从试样内部从上到下取两个有代表性的样品（可将脱出试件用锤打碎后，用四分法采取），测定其含水量，精确至 0.1%。两个试样的含水量的差值不得大于 1%。所取样品的数量应不少于 700 g，如只取一个样品测定含水量，则样品的数量应不少于 1 400 g。烘箱的温度应事先调整到 110℃ 左右，以使放入的试样能立即在 105～110℃ 的温度下烘干。擦净试筒，称其质量 m_2。

（8）按上述步骤（3）～步骤（7）进行其余含水量下稳定材料的击实和测定。凡已用过的试料，一律不再重复使用。

9.3.5　结果计算

（1）每次击实后稳定材料的湿密度按式（9-2）计算：

$$\rho_{\rm w} = \frac{m_1 - m_2}{V} \qquad (9-2)$$

式中　$\rho_{\rm w}$——稳定材料的湿密度，kg/m³；

$\quad\quad m_1$——试筒与湿试样的质量和，g；

$\quad\quad m_2$——试筒的质量，g；

V——试筒的容积,cm^3。

（2）每次击实后稳定材料的干密度按式（9-3）计算。

$$\rho_d = \frac{\rho_w}{1 + 0.01w} \tag{9-3}$$

式中　ρ_d——稳定材料的干密度,kg/m^3；

w——试样的含水量,%。

（3）以干密度为纵坐标,以含水量为横坐标,绘制干密度与含水量的关系曲线,采用二次曲线方法拟合曲线,驼峰形曲线顶点的纵横坐标分别为稳定材料的最大干密度和最佳含水量。如试验点不足以连成完整的驼峰形曲线,则应该进行补充试验。

（4）超尺寸颗粒的校正。

当试样中大于规定最大粒径的超尺寸颗粒的含量为5%～30%时,应按式（9-4）对试验所得最大干密度和最佳含水量进行校正（超尺寸颗粒的含量小于5%时,可以不进行校正）。计算精确至0.01 kg/m^3：

$$\rho'_{dm} = \rho_{dm}(1 - 0.01p) + 0.9 \times 0.1p\, G'_a \tag{9-4}$$

式中　ρ'_{dm}——校正后的最大干密度,kg/m^3；

ρ_{dm}——试验所得的最大干密度,kg/m^3；

p——试样中超尺寸颗粒的百分率,%；

G'_a——超尺寸颗粒的毛体积相对密度。

最佳含水量按式（9-5）校正,计算精确至0.01 kg/m^3：

$$w'_0 = w_0(1 - 0.01p) + 0.01pw'_a \tag{9-5}$$

式中　w'_0——校正后的最佳含水量,%；

w_0——试验所得的最佳含水量,%；

p——试样中超尺寸颗粒的百分率,%；

w'_a——超尺寸颗粒的吸水量,%。

（5）精密度或允许误差。

应做两次平行试验,取两次试验的平均值作为最大干密度和最佳含水量。两次试验最大干密度的差不应超过0.05 kg/m^3（稳定细粒土）和0.08 kg/m^3（稳定中粒土和粗粒土）,最佳含水量的差不应超过0.5%（最佳含水量小于10%）和1.0%（最佳含水量大于10%）。

混合料密度计算应保留小数点后3位有效数字,含水量应保留小数点后1位有效数字。

9.4　无侧限抗压强度试验

9.4.1　适用范围

本方法适用于测定无机结合料稳定材料试件的无侧限抗压强度。

9.4.2　主要仪器设备

（1）方孔筛，孔径 53 mm、37.5 mm、31.5 mm、26.5 mm、4.75 mm 和 2.36 mm 的筛各 1 个。

（2）试模，适用于不同土的试模尺寸：细粒土试模尺寸为 ϕ50 mm × 50 mm，中粒土试模尺寸为 ϕ100 mm × 100 mm，粗粒土试模尺寸为 ϕ150 mm × 150 mm。

（3）脱模器。

（4）反力框架，规格为 400 kN 以上的反力框架。

（5）液压千斤顶（200 ～ 1 000 kN）。

（6）压力试验机：可替代千斤顶和反力架，量程不小于 2000 kN，行程、速度可调。

（7）标准养护室：温度（20 ± 2）℃，相对湿度大于 95%。

（8）水槽，深度应大于试件高度 50 mm。

（9）压力机或万能试验机。

（10）电子天平：量程 15 kg，分度值 0.1 g；量程 4000 g，分度值 0.01 g。

（11）量筒、拌和工具、大小铝盒、烘箱等。

（12）钢板尺：量程 200 mm 或 300 mm，最小刻度 1 mm。

（13）游标卡尺：量程 200 mm 或 300 mm。

9.4.3　试料准备

将具有代表性的风干试料（必要时，也可以在 50℃烘箱内烘干）用木槌和木碾捣碎，但应避免破碎粒料的原粒径，按照公称最大粒径的大一级筛，将土过筛并进行分类。

在预定做试验的前一天，取有代表性的试料测定其风干含水量。对于细粒土，试样应不少于 100 g；对于中粒土，试样应不少于 1 000 g；对于粗粒土，试样应不少于 2 000 g。

采用击实试验（见 9.3 节）确定无机结合料混合料的最佳含水量和最大干密度。

9.4.4　试件制备

（1）对于同一无机结合料剂量的混合料，需要制备相同状态的试件，数量与土类及操作的仔细程度有关。对于无机结合料稳定细粒土，至少应该制 6 个试件；对于无机结合料中稳定粒土和粗粒土，至少分别应该制 9 个和 13 个试件。

（2）称取一定量的风干土并计算干土的质量。对于 ϕ50 mm × 50 mm 的试件（简称小试件），1 个试件需干土 180 ～ 210 g；对于 ϕ100 mm × 100 mm 的试件（简称中试件），1 个试件需干土 1 700 ～ 1 900 g；对于 ϕ150 mm × 150 mm 的试件（简称大试件），1 个试件需干土 5 700 ～ 6 000 g。

对于细粒土，可以一次称取 6 个试件的土；对于中粒土，可以一次称取 3 个试件的土；对于粗粒土，一次只称取 1 个试件的土。

（3）将称好的土放在长方盘（约 400 mm × 600 mm × 70 mm）内。向土中加水拌料、闷料。石灰稳定材料、水泥和石灰综合稳定材料、石灰粉煤灰综合稳定材料、水泥粉煤灰综合稳定材料，可将石灰或粉煤灰和土一起拌和，将拌和均匀后的试料放在密闭容器或塑料袋(封口)内浸润备用。

对于细粒土(特别是黏性土),浸润时的含水量应比最佳含水量小3%;对于中粒土和粗粒土,可按最佳含水量加水,加水量按式(9-1)计算;对于水泥稳定类材料,加水量应比最佳含水量小1%～2%。

浸润时间要求为:黏质土12～24 h,粉质土6～8 h,砂类土、砂砾土、红土砂砾、级配砂砾等可以缩短到4 h左右;含土很少的未筛分碎石、砂砾及砂可以缩短到2 h。浸润时间一般不超过24 h。

(4)在试件成型前1 h内,加入预定数量的水泥并拌和均匀。在拌和过程中,应将预留的水(对于细粒土为3%,对于水泥稳定类为1%～2%)加入土中,使混合料的含水量达到最佳含水量,拌和均匀的加有水泥的混合料应在1 h内按步骤(5)制成试件,超过1 h的混合料应该作废。其他结合料稳定材料,混合料虽不受此限制,但也应尽快制成试件。

(5)用反力框架和液压千斤顶,或采用压力试验机制件。制备一个预定干密度的制件需要的稳定材料混合料数量随试模尺寸而变。其计算公式见式(9-6)和式(9-7)。

单个试件的标准质量:

$$m_0 = V\rho_{max}(1 + \omega_{opt})\gamma \tag{9-6}$$

考虑到试件成型过程中的质量损耗,实际操作过程中每个试件的质量可增加0～2%,即:

$$m'_0 = m_0(1 + \delta) \tag{9-7}$$

式中　V—— 试件体积,cm^3;

$\quad\quad \omega_{opt}$—— 混合料最佳含水率,%;

$\quad\quad \rho_{max}$—— 混合料最大干密度,g/cm^3;

$\quad\quad \gamma$——混合料压实度标准,%;

$\quad\quad \delta$—— 计算混合料质量的冗余量,%。

将成型用的模具擦拭干净,并涂抹机油。将试模配套的下垫块放入试模的下部,但外露2cm左右。将称量的规定质量的稳定材料混合料分两三次灌入试模中,每次灌入后用夯棒轻轻均匀插实。如制的是ϕ50 mm×50 mm的小试件,则可以将混合料一次倒入试模中,然后将试模配套的上垫块放入试模内,也应使其外露2cm左右(即上下垫块露出试模外的部分应该相等)。

将整个试模(连同上下垫块)放到反力框架内的千斤顶上(千斤顶下应放一扁球座)或压力机上,以1 mm/min的加载速率加压,加压直到上下压柱都压入试模为止,维持压力2 min。

解除压力后,取下试模,拿去上压柱,并放到脱模器上将试件顶出。用水泥稳定有黏结性的材料(如黏质土)时,制件后可以立即脱模;用水泥稳定无黏结性材料时,最好过2～4 h再脱模;对于中、粗粒土的无机结合料稳定材料,也最好过2～6 h脱模。

在脱模器上取试件时,应用双手抱住试件侧面的中下部,然后沿水平方向轻轻旋转,待感觉到试件移动后,再将试件轻轻捧起,放置到试验台上。切勿直接将试件向上捧起。

称试件的质量,小试件准确至0.01 g;中试件准确至0.01 g;大试件准确至0.1 g。然后用游标卡尺量试件的高度 h,准确到 0.1 mm。检查试件的高度和质量,不满足成型标准的试件作为废件。

9.4.5 试件养生

试件从试模内脱出并量高度称质量后,中试件和大试件应装入塑料袋内。试件装入塑料袋后,将袋内的空气排除干净,扎紧袋口,将包好的试件放入养护室。

标准养生的温度为 (20 ± 2) ℃,相对湿度在 95% 以上。试件宜放在铁架或木架上,间距至少 $10 \sim 20$ mm。试件表面应保持一层水膜,并避免用水直接冲淋。

无侧限抗压强度试验,标准养生龄期是 7 d,最后一天浸水。养生期的最后一天,将试件取出,观察试件的边角有无磨损和缺块,并量高称质量,然后将试件浸泡于 (20 ± 2) ℃水中,应使水面在试件顶上约 25 mm。

养生期间试件质量损失应符合下列规定:小试件不超过 1 g;中试件不超过 4 g;大试件不超过 10 g。质量损失超过此规定的试件应作废。

9.4.6 试验步骤

(1) 将已浸水一昼夜的试件从水中取出,用软的旧布吸去试件表面的可见自由水,并称取试件的质量。

(2) 用游标卡尺量试件的高度,精确到 0.1 mm。

(3) 将试件放到试验仪升降台上(台上先放一扁球座),进行抗压试验。试验过程中,应使试件的变形等速增加,并保持约为 1 mm/min。记录试件破坏时的最大力。

(4) 从试件内部取有代表性的样品测定其含水量。

9.4.7 结果计算

(1) 试件的无侧限抗压强度按式(9 - 8)计算。

$$p_c = \frac{F}{A} \tag{9 - 8}$$

式中 p_c——试件的无侧限抗压强度,MPa;

  F——试件破坏时的最大力,N;

  A——试件的截面面积,mm^2。

抗压强度保留一位小数。

(2) 同一组试件试验中,采用 3 倍均方差方法剔除异常值,小试件允许有 1 个异常值,中试件 $1 \sim 2$ 个异常值,大试件 $2 \sim 3$ 个异常值。异常值数量超过上述规定的试验重做。

(3) 同一组试验的变异系数 C_V(%)符合下列规定,方为有效试验:小试件 $C_V \leqslant 6\%$;中试件 $C_V \leqslant 10\%$;大试件 $C_V \leqslant 15\%$。如不能保证试验结果的变异系数小于规定的值,则应按允许误差 10% 和 90% 概率重新计算所需的试件数量,增加试件数量并另做新试验。新试验结果与老试验结果一并重新进行统计评定,直到变异系数满足上述规定。

第 10 章　沥青试验

沥青试验包括密度与相对密度、针入度、软化点、溶解度、延度、质量损失、闪点与燃点、脆点、蜡含量、化学组分、黏度、离析、弹性恢复等试验。本章仅介绍针入度、软化点、延度等 3 项试验。

10.1　相关标准

JTG E20—2011　公路工程沥青与沥青混合料试验规程
NB/SH/T 0522—2010　道路石油沥青
GB/T 15180—2010　重交通道路石油沥青
JTG F40—2004　公路沥青路面施工技术规范

10.2　试样准备方法

10.2.1　适用范围

本方法适用于黏稠道路石油沥青、煤沥青、聚合物改性沥青等需要加热后才能进行试验的沥青试样,按此法准备的沥青供立即在实验室进行各项试验使用。

本方法也适用于在实验室对乳化沥青试样进行各项性能测试使用。每个样品的数量根据需要决定,常规测定宜不少于 600 g。

10.2.2　主要仪器设备

（1）烘箱:200 ℃,装有温度调节器。

（2）加热炉具:电炉或其他燃气炉(丙烷石油气、天然气）。

（3）石棉垫:不小于炉具上面积。

（4）滤筛:筛孔孔径 0.6 mm。

（5）沥青盛样器皿:金属锅或瓷坩埚。

（6）烧杯:1 000 mL。

（7）温度计:0～100 ℃及 200 ℃,精度 0.1 ℃。

（8）天平:量程不小于 2 000 g,分度值不大于 1 g;量程不小于 100 g,分度值不大于 0.1 g。

（9）其他:玻璃棒、溶剂、棉纱等。

10.2.3 热沥青试样制备步骤

（1）将装有试样的盛样器带盖放入恒温烘箱中，当石油沥青试样中含有水分时，烘箱温度 80 ℃左右，加热至沥青全部熔化后供脱水用。当石油沥青中无水分时，烘箱温度宜为软化点温度以上 90 ℃，通常为 135 ℃左右。对取来的沥青试样不得直接采用电炉或煤气炉明火加热。

（2）当石油沥青试样中含有水分时，将盛样器皿放在可控温的砂浴、油浴、电热套上加热脱水，不得已采用电炉、煤气炉加热脱水时必须加放石棉垫。时间不能超过 30 min，并用玻璃棒轻轻搅拌，防止局部过热。在沥青温度不超过 100 ℃的条件下，仔细脱水至无泡沫为止，最后的加热温度不超过软化点以上 100 ℃（石油沥青）或 50 ℃（煤沥青）。

（3）将盛样器中的沥青通过 0.6 mm 的滤筛过滤，不等冷却立即 1 次灌入各项试验的模具中。当温度下降太多时，宜适当加热再灌模。根据需要可将试样分装入擦拭干净并干燥的 1 个或数个沥青盛样器皿中，数量应满足 1 批试验项目所需的沥青样品并有富余。

（4）在沥青灌模过程中如温度下降可放入烘箱中适当加热，试样冷却后反复加热的次数不得超过 2 次，以防沥青老化影响试验结果。注意在沥青灌模时不得反复搅动沥青，以避免混进气泡。

（5）灌模剩余的沥青应立即清洗干净，不得重复使用。

10.3 针入度试验

10.3.1 适用范围

本方法适用于测定道路石油沥青、聚合物改性沥青针入度以及液体石油沥青蒸馏或乳化沥青蒸发后残留物的针入度。其标准试验条件为温度 25 ℃，荷重 100 g，贯入时间为 5 s，以 0.1 mm 计。

针入度指数 PI 用于描述沥青的温度敏感性，宜在 15 ℃、25 ℃、30 ℃等 3 个温度或 3 个以上温度条件下测定针入度后按规定的方法计算得到，若 30 ℃时的针入度值过大，可采用 5 ℃代替。当量软化点 T_{800} 是相当于沥青针入度为 800 时的温度，用于评价沥青的高温稳定性。当量脆点 $T_{1.2}$ 是相当于沥青针入度为 1.2 时的温度，用于评价沥青的低温抗裂性能。

10.3.2 主要仪器设备

（1）针入度仪：凡能保证针和针连杆在无明显摩擦下垂直运动，并能指示针贯入深度准确至 0.1 mm 的仪器均可使用。针和针连杆组合件总质量为（50 ± 0.05）g，另附（50 ± 0.05）g 砝码 1 只，试验时总质量为（100 ± 0.05）g。当采用其他试验条件时，应在试验结果中注明。仪器设有放置平底玻璃保温皿的平台，并有调节水平的装置，针连杆应与平台相垂直。仪器设有针连杆制动按钮，使针连杆可自由下落。针连杆易于装拆，以便检查其质量。仪器还设有可自由转动与调节距离的悬臂,其端部有一面小镜或聚光灯泡,借以观察针尖与试样表面接触情况。当为自动针入度仪时,要求基本相同,但应经常校验计时装置。

(2)标准针:由硬化回火的不锈钢制成,洛氏硬度为 HRC54 ~ 60,表面粗糙度 $Ra\,0.2 \sim 0.3\ \mu$m,针及针杆总质量为(2.5 ±0.05)g,每个针柄上有单独的标志号码。应设有固定用装置盒,以免碰撞针尖,每根针必须附有计量部门的检验单,并定期进行检验,其尺寸及形状如图 10-1 所示。

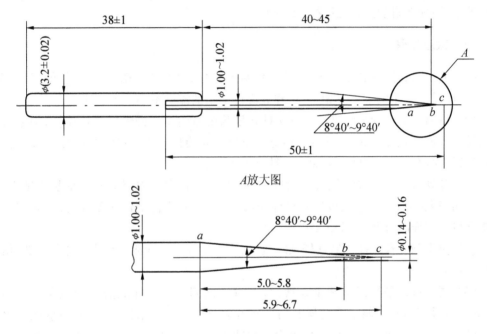

图 10-1　针入度标准针(单位:mm)

(3)盛样皿:金属制,圆柱形平底。小盛样皿的内径 55 mm,深 35 mm(适用于针入度小于 200 的试样);大盛样皿的内径 70 mm,深 45 mm(适用于针入度为 200 ~ 350 的试样);对针入度大于 350 的试样需使用特殊盛样皿,其深度不小于 60 mm,试样的体积不小于 125 mL。

(4)恒温水槽:容积不小于 10 L,控温的准确度为 0.1 ℃。水槽中应设有一带孔的搁架,位于水面下不得少于 100 mm,距水槽底不得少于 50 mm 处。

(5)平底玻璃皿:容积不少于 1 L,深度不小于 80 mm。内设有一不锈钢三角支架,能使盛样皿稳定。

(6)温度计:0 ~ 50 ℃,精度 0.1 ℃。

(7)秒表:精度 0.1 s。

(8)其他:盛样皿盖(平板玻璃),三氯乙烯,电炉或砂浴、石棉网、金属锅或瓷把坩埚等。

10.3.3　试验准备工作

(1)按 10.2 节的方法准备试样。

（2）按试验要求将恒温水槽调节到要求的试验温度（通常 25 ℃）并保持稳定。

（3）将试样注入盛样皿中，试样高度应超过预计针入度值 10 mm，并盖上盛样皿盖，以防落入灰尘。盛有试样的盛样皿在 15～30 ℃ 室温中冷却不少于 1.5 h（小盛样皿）、2 h（大盛样皿）、3 h（特殊盛样皿）后移入保持规定试验温度 ±0.1 ℃ 的恒温水槽中养生不小于 1.5 h（小盛样皿）、2 h（大盛样皿）、2.5 h（特殊盛样皿）。

（4）调整针入度仪使之水平。检查针连杆和导轨，以确认无水和其他外来物，无明显摩擦。用三氯乙烯或其他溶剂清洗标准针，并拭干。将标准针插入针连杆，用螺丝固紧。按试验条件，加上附加砝码（通常为 50 g）。

10.3.4 试验步骤

（1）取出达到恒温的盛样皿，并移入水温控制在试验温度 ±0.1 ℃（可用恒温水槽的水）的平底玻璃皿中的三角支架上，试样表面以上水的深度不小于 10 mm。

（2）将盛有试样的平底玻璃皿置于针入度仪的平台上。慢慢放下针连杆，用适当位置的反光镜或灯光反射观察，使针尖恰好与试样表面接触。拉下刻度盘的拉杆，使与针连杆顶端轻轻接触，调节刻度盘或深度指针指示为零。

（3）开动秒表，在指针正指 5 s 瞬间，用手紧压按钮，使标准针自动下落贯入试样，经规定时间（通常为 5 s），停压按钮使针停止移动。（当采用自动针入度仪时，计时与标准针落下贯入试样同时开始，至 5 s 时自动停止。）

（4）拉下刻度盘拉杆与针连杆顶端接触，读取刻度盘指针或位移指示器的读数，精确至 0.1 mm。

（5）同一试样平行试验至少 3 次，各测试点之间及与盛样皿边缘的距离不应小于 10 mm。每次试验后应将盛有盛样皿的平底玻璃皿放入恒温水槽，使平底玻璃皿中水温保持试验温度。每次试验应换一根干净标准针或将标准针取下用蘸有三氯乙烯溶剂的棉花或布揩净，再用干棉花或布擦干。

（6）测定针入度大于 200 的沥青试样，至少用 3 支标准针，每次试验后将针留在试样中，直至 3 次平行试验完成后，才能将标准针取出。

（7）测定针入度指数 PI 时，按同样方法在 15 ℃、25 ℃、30 ℃（或 5 ℃）3 个或 3 个以上（必要时增加 10 ℃、20 ℃ 等）温度条件下分别测定沥青的针入度，但用于仲裁试验的温度条件应为 5 个。

10.3.5 结果计算

（1）对不同温度条件下测试的针入度取对数，令 $y = \lg P$，$x = T$，按式（10-1）的针入度对数与温度的直线关系，进行 $y = a + bx$ 二元一次方程的直线回归，求取针入度温度指数 $A_{\lg Pen}$。回归时必须进行相关性检验，直线回归相关系数 R 不得小于 0.997，否则，试验无效。

$$\lg P = K + A_{\lg Pen} \times T \tag{10-1}$$

式中 T——不同试验温度，相应温度下的沥青针入度为 P；

$\quad K$——回归方程的常数项 a；

A_{lgPen}——回归方程系数 b。

（2）按式（10-2）确定沥青的针入度指数 PI，并记为 PI_{lgPen}。

$$PI_{lgPen} = \frac{20 - 500A_{lgPen}}{1 + 50A_{lgPen}} \qquad (10-2)$$

（3）按式（10-3）确定沥青的当量软化点 T_{800}。

$$T_{800} = \frac{lg800 - K}{A_{lgPen}} = \frac{2.903\ 1 - K}{A_{lgPen}} \qquad (10-3)$$

（4）按式（10-4）确定沥青的当量脆点 $T_{1.2}$。

$$T_{1.2} = \frac{lg1.2 - K}{A_{lgPen}} = \frac{0.079\ 2 - K}{A_{lgPen}} \qquad (10-4)$$

（5）按式（10-5）确定沥青的塑性温度范围 ΔT。

$$\Delta T = T_{800} - T_{1.2} = \frac{2.823\ 9}{A_{lgPen}} \qquad (10-5)$$

10.3.6 报告

（1）应报告标准温度（25 ℃）时的针入度 T_{25} 以及其他试验温度 T 所对应的针入度 P，及由此求取针入度指数 PI、当量软化点 T_{800}、当量脆点 $T_{1.2}$ 的方法和结果，同时报告式（10-1）回归的直线相关系数 R。

（2）同一试样 3 次平行试验结果的最大值和最小值之差在表 10-1 允许偏差范围内，计算 3 次试验结果的平均值，取整数作为针入度试验结果，以 0.1 mm 为单位。当试验值不符合此要求时，应重新实验。

表 10-1 针入度试验允许差值要求

针入度值（0.1mm）	0～49	50～149	150～249	250～500
允许差值（0.1mm）	2	4	12	20

（3）当试验结果小于 50（0.1 mm）时，重复性试验的允许差为 2（0.1 mm），再现性试验的允许差为 4（0.1 mm）；当试验结果大于 50（0.1 mm）时，重复性试验的允许差为平均值的 4%，再现性试验的允许差为平均值的 8%。

10.4 软化点试验（环球法）

10.4.1 适用范围

本方法适用于测定道路石油沥青、聚合物改性沥青的软化点，也适用于测定液体石油沥青、煤沥青蒸馏残余物或乳化沥青破乳蒸发后残留物的软化点。

10.4.2 主要仪器设备

（1）软化点仪：软化点仪由钢球、试样环、钢球定位环、金属支架和烧杯组成，如图

10－2所示。钢球直径为9.53 mm,质量(3.5±0.05)g,表面光滑。试样环由黄铜或不锈钢等制成,形状与尺寸如图10－3所示。钢球定位环由黄铜或不锈钢制成,能使钢球定位于试样中央。试验金属支架由2个主杆和3层平行的金属板组成:上层为一圆盘,直径略大于烧杯直径,中间有一圆孔,用于插放温度计。中层板上有两个圆孔,以供放置试样环,与下底板之间的距离为25.4 mm。在连接立杆上距中层板顶面(51±0.2)mm处,刻有一液面指示线。

烧杯是由耐热玻璃制成的无嘴高型烧杯,容积为800～1 000 mL,直径不小于86 mm,高度不小于120 mm,其上口应与上盖板相配合。

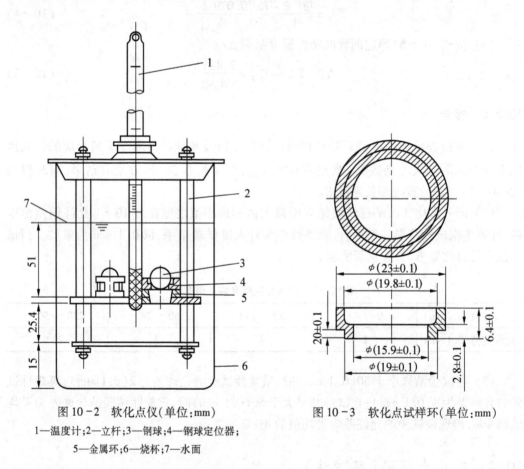

图10－2　软化点仪(单位:mm)　　　　图10－3　软化点试样环(单位:mm)

1—温度计;2—立杆;3—钢球;4—钢球定位器;

5—金属环;6—烧杯;7—水面

(2)加热炉具:装有温度调节器的电炉或其他加热炉具。应采用带有振荡搅拌器的加热电炉,振荡子置于烧杯底部。

(3)环夹:由薄钢条制成,用以夹持金属环,以便刮平表面。

(4)试模底板:金属板(表面粗糙度应达 Ra 0.8 μm)或玻璃板。

(5)其他:温度计(量程0～100 ℃,分度值0.5 ℃)、蒸馏水或纯净水、恒温水槽(控温的准确度为±0.5 ℃)、平直刮刀、甘油滑石粉隔离剂(甘油与滑石粉的比例为质量比2:1)等。

10.4.3　试验准备工作

（1）将试样环置于涂有甘油滑石粉隔离剂的试样底板上。按 10.2 的规定方法将准备好的沥青试样徐徐注入试样环内至略高出环面为止。如估计试样软化点高于 120 ℃，则试样环和试样底板（不用玻璃板）均应预热至 80～100 ℃。

（2）试样在室温冷却 30 min 后，用环夹夹着试样环，并用热刮刀刮除环面上的试样，务使与环面齐平。

10.4.4　试验步骤

（1）试样软化点在 80 ℃ 以下时试验步骤如下：

① 将装有试样的试样环连同试样底板置于（5±0.5）℃ 水的恒温水槽中至少 15 min；同时将金属支架、钢球、钢球定位环等亦置于相同水槽中。

② 烧杯内注入新煮沸并冷却至 5 ℃ 的蒸馏水或纯净水，水面略低于立杆上的深度标记。

③ 从恒温水槽中取出盛有试样的试样环放置在支架中层板的圆孔中，套上定位环；然后将整个环架放入烧杯中，调整水面至深度标记，并保持水温为（5±0.5）℃。环架上任何部分不得附有气泡。将 0～100 ℃ 的温度计由上层板中心孔垂直插入，使端部测温头底部与试样环下面齐平。

④ 将盛有水和环架的烧杯移至放有石棉网的加热炉具上，然后将钢球放在定位环中间的试样中央，立即开动振荡搅拌器，使水微微振荡，并开始加热，使杯中水温在 3 min 内调节至维持每分钟上升（5±0.5）℃。在加热过程中，应记录每分钟上升的温度值，如温度上升速度超出此范围时，则应重做试验。

⑤试样受热软化逐渐下坠，至与下层板表面接触时，立即读取温度，精确至 0.5 ℃。

（2）试样软化点在 80 ℃ 以上时实验步骤如下：

① 将装有试样的试样环连同试样底板置于（32±1）℃ 甘油的恒温槽中至少 15 min；同时将金属支架、钢球、钢球定位环等亦置于甘油中。

② 烧杯内注入预先加热至 32 ℃ 的甘油，其液面略低于立杆上的深度标记。

③ 从恒温槽中取出盛有试样的试样环，按前述方法进行测定，精确至 1 ℃。

10.4.5　结果计算

（1）同一试样平行试验 2 次，当 2 次测定值的差值符合重复性试验允许误差要求时，取其平均值作为软化点试验结果，精确至 0.5 ℃。

（2）当软化点小于 80 ℃ 时，重复性试验、再现性试验的允许差分别为 1 ℃、4 ℃；当软化点大于 80 ℃ 时，重复性试验、再现性试验的允许差分别为 2 ℃、8 ℃。

10.5 延度试验

10.5.1 适用范围

本方法适用于测定道路石油沥青、聚合物改性沥青、液体石油沥青蒸馏残留物和乳化沥青蒸发后残留物的延度。沥青延度试验温度与拉伸速率可根据要求采用,通常采用的试验温度为 25 ℃、15 ℃、10 ℃或 5 ℃,拉伸速度为(5 ± 0.25) cm/min。当低温采用(1 ± 0.5) cm/min 拉伸速度时,应在报告中注明。

10.5.2 主要仪器设备

(1) 延度仪:将试件浸入水中,能保持规定的试验温度及按照规定的拉伸速度拉伸试件,且试验时无明显振动的延度仪均可使用,其形状与组成如图 10 - 4 所示。

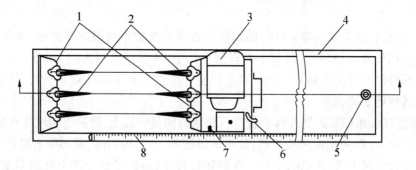

图 10 - 4　沥青延度仪
1—试模;2—试样;3—电机;4—水槽;
5—泄水孔;6—开关柄;7—指针;8—标尺

(2) 制模仪具:制模仪具包括延度试模和试模底板。延度试模由黄铜制成,由 2 个端模和 2 个侧模组成,其形状尺寸如图 10 - 5 所示。试模底板为玻璃板或磨光的铜板或不锈钢板(表面粗糙度 Ra 0.2 μm)。

(3) 恒温水槽:容积不小于 10 L,精度 0.1 ℃。水槽中应设有一带孔的搁架,搁架距水槽底不得少于 50 mm。试件浸入水中深度不小于 100 mm。

(4) 其他:刻度 0 ~ 50 ℃,分度为 0.1 ℃的温度计;砂浴或其他加热工具;甘油滑石粉隔离剂(甘油与滑石粉比例为 2:1);平刮刀;石棉网;酒精;食盐等。

10.5.3 试验准备工作

(1) 将隔离剂拌和均匀,涂于清洁干燥的试模底板和两个侧模的内侧表面,并将试模在试模底板上装妥。

(2) 按 10.2 准备试样,然后将试样仔细自试模的一端至另一端往返数次缓缓注入模中,最后略高出试模,灌模时应注意勿使气泡混入。

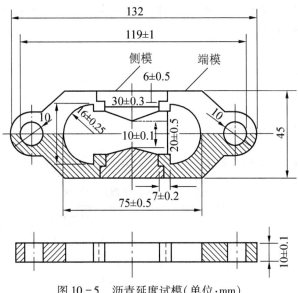

图 10 - 5　沥青延度试模(单位:mm)

(3)试件在室温中冷却不小于 1.5 h,然后用热刮刀刮除高出试模的沥青,使沥青面与试模齐平。沥青的刮法应自试模的中间刮向两端,且表面应刮得平滑。将试模连同底板再浸入规定试验温度的水槽中保温 1.5 h。

(4)检查延度仪拉伸速度是否符合规定要求,然后移动滑板使其指针正对标尺的零点。将延度仪注水,并保温达试验温度 ±0.1 ℃。

10.5.4　试验步骤

(1)将保温后的试件连同底板移入延度仪的水槽中,然后将盛有试样的试模自玻璃板或不锈钢板上取下,将试模两端的孔分别套在滑板及槽端固定板的金属柱上,并取下侧模。水面距试件表面应不小于 25 mm。

(2)开动延度仪,并观察试样的延伸情况。此时应注意,在试验过程中,水温应始终保持在试验温度规定范围内,且仪器不得有振动,水面不得有晃动,当水槽采用循环水时,应暂时中断循环,停止水流。在试验中,如发现沥青细丝浮于水面或沉入槽底时,则应在水中加入酒精或食盐,调整水的密度至与试样相近后,重新试验。

(3)试件拉断时,读取指针所指标尺上的读数,以厘米表示,在正常情况下,试件延伸时应成锥尖状,拉断时实际断面接近于零。如不能得到这种结果,则应在报告中注明。

10.5.5　结果计算

(1)同一试样每次平行试验不少于 3 个,如 3 个测定结果均大于 100 cm,试验结果记作" >100 cm",特殊需要也可分别记录实测值。如 3 个测定结果中,有 1 个以上的测定值小于 100 cm 时,若最大值或最小值与平均值之差满足重复性试验精密度要求,则取 3 个测定结果的平均值的整数作为延度试验结果,若平均值大于 100 cm,记作" >100 cm";若最大值或最小值与平均值之差不符合重复性试验精密度要求,试验应重新进行。学生试验时应记录实测值。

（2）当试验结果小于 100 cm 时，重复性试验的允许差为平均值的 20%；再现性试验的允许差为平均值的 30%。

10.6 技术要求

10.6.1 《道路石油沥青》技术要求

《道路石油沥青》中对沥青质量的要求见表 10－2。

表 10－2　道路石油沥青技术要求

项　　目	质量指标				
	200 号	180 号	140 号	100 号	60 号
针入度(25 ℃,100 g,5 s), 1/10mm	200～300	150～200	110～150	80～110	50～80
延度[1](25 ℃)/cm,不小于	20	100	100	90	70
软化点[2]/℃	30～48	35～48	38～51	42～55	45～58

注：① 如 25 ℃延度达不到,15 ℃延度达到时,也认为是合格的。

　　② 软化点试验时,中层板与下底板之间的距离为 25 mm。

10.6.2 《公路工程路面施工技术规范》技术要求

《公路工程路面施工技术规范》中对沥青质量的要求见表 10－3。

表 10－3　道路石油沥青技术要求

指标	单位	等级	沥青标号														
			160 号	130 号	110 号	90 号				70 号					50 号	30 号
针入度(25 ℃, 100 g,5 s)	0.1mm		140～ 200	120～ 140	100～120	80～100				60～80					40～ 60	20～ 40
适用的气候分区			注[1]	注[1]	2-1 2-2 2-2 2-3	1-1 1-2 1-3 2-2 2-3				1-3 1-4 2-2 2-3 2-4					1-4	注[1]
针入度指数 PI		A	－1.5～＋1.0													
		B	－1.8～＋1.0													
软化点(环球法),不小于	℃	A	38	40	43	45				44				46	45	49	55
		B	36	39	42	43				42				44	43	46	53
		C	35	37	41	42					43				45	50
10 ℃延度, 不小于	cm	A	50	50	40	45	30	20	30	20	20	15	25	20	15	15	10
		B	30	30	30	30	20	15	20	15	15	10	20	15	10	10	8
15 ℃延度, 不小于	cm	A、B	100												80	50
		C	80	80	60	50					40				30	20

注[1]:30 号沥青仅适用于沥青稳定基层。130 号和 160 号沥青除寒冷地区可直接在中低级公路上直接应用外,通常用作乳化沥青、稀释沥青、改性沥青的基质沥青。

10.6.3 《重交通道路石油沥青》技术要求

《重交通道路石油沥青》中对沥青质量的要求见表 10-4。

表 10-4 重交通道路石油沥青技术要求

项 目	质量指标					
	AH-130	AH-110	AH-90	AH-70	AH-50	AH-30
针入度(25 ℃,100 g,5 s),1/10 mm	120~140	100~120	80~100	60~80	40~60	20~40
延度(15 ℃),cm,不小于	100	100	100	100	100	实测值
软化点,℃	38~51	40~53	42~55	44~57	45~58	50~65

注:软化点试验时,中层板与下底板之间的距离为 25 mm。

第11章 沥青混合料试验

沥青混合料试验包括试件制作、密度、马歇尔稳定度、压缩、弯曲、间接抗拉强度、车辙、沥青含量与矿料级配检验、弯曲蠕变、析漏、飞散、渗水试验等。本章主要介绍与沥青混合料配合比设计密切相关的试件制作、密度测定、马歇尔稳定度试验、车辙试验等4项试验。

11.1 相关标准

JTG E20—2011　公路工程沥青与沥青混合料试验规程
JTG D50—2006　公路沥青路面设计规范
JTG F40—2004　公路沥青路面施工技术规范

11.2 试件制作方法

11.2.1 击实法

11.2.1.1 适用范围

本方法适用于标准击实法或大型击实法制作沥青混合料试件,以供实验室进行沥青混合料物理力学性质试验使用。

标准击实法适用于马歇尔试验、间接抗拉试验等所使用的 $\phi101.6$ mm $\times 63.5$ mm 圆柱体试件的成型。大型击实法适用于 $\phi152.4$ mm $\times 95.3$ mm 的大型圆柱体试件的成型。

当集料公称最大粒径小于或等于 26.5 mm 时,采用标准击实法,一组试件的数量不少于4个。当集料公称最大粒径大于 26.5 mm 时,宜采用大型击实法,一组试件的数量不少于6个。

11.2.1.2 主要仪器设备

(1)自动击实仪:击实仪应具有自动计数、控制仪表、按钮设置、复位及暂停等功能。按其用途分为以下两种。

标准击实仪:由击实锤、$\phi98.5$ mm ± 0.5 mm 平圆形压实头及带手柄的导向棒组成。用机械将压实锤举起,从(457.2 ± 1.5)mm 高度沿导向棒自由落下连续击实,标准击实锤质量(4 536 ± 9)g。

大型击实仪:由击实锤、$\phi149.4$ mm ± 0.1 mm 平圆形压实头及带手柄的导向棒组成。

用机械将压实锤举起,从(457.2 ± 1.5)mm 高度沿导向棒自由落下连续击实,大型击实锤质量(10 210 ± 10)g。

(2)试验室用沥青混合料拌和机:能保证拌和温度并充分拌和均匀,可控制拌和时间,容量不小于 10 L,如图 11 - 1 所示。搅拌叶自转速度 70 ~ 80 r/min,公转速度 40 ~50 r/min。

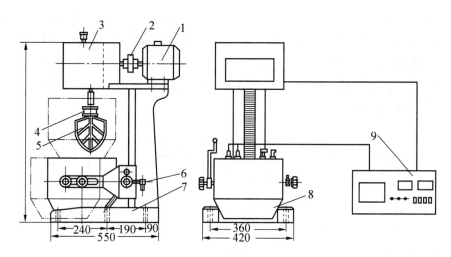

图 11 - 1　实验室用小型沥青混合料拌和机
1—电机;2—联轴器;3—变速箱;4—弹簧;5—拌和叶片;
6—升降手柄;7—底座;8—加热拌和锅;9—温度时间控制仪

(3)脱模器:电动或手动,可无破损地推出圆柱体试件,备有标准圆柱体试件及大型圆柱体试件的推出环。

(4)试模:由高碳钢或工具钢制成。标准击实仪试模每组包括内径(101.6 ± 0.2)mm,高 87 mm 的圆柱形金属筒、底座(直径约 120.6 mm)和套筒(内径 104.8 mm,高 70 mm)各 1 个。

大型击实仪试模内径为(152.4 ± 0.2)mm,总高 115 mm;底座板厚 12.7 mm,直径 172 mm;套筒外径 165.1 mm,内径(155.6 ± 0.3)mm,总高 83 mm。

(5)可控温大中型烘箱各 1 台。

(6)电子天平:用于称沥青的,感量不大于 0.1 g;用于称矿料的,感量不大于 0.5 g。

(7)布洛克菲尔德旋转黏度计。

(8)插刀或大螺丝刀。

(9)温度计:分度为 1 ℃。宜采用有金属插杆的插入式数显温度计,金属插杆的长度不小于 150 mm,量程 0 ~ 300 ℃。

(10)其他:电炉或煤气炉、沥青熔化锅、拌和铲、标准套筛、滤纸(或普通纸)、胶布、卡尺、秒表、粉笔、棉纱等。

11.2.1.3　试验准备工作

(1)确定制作沥青混合料试件的拌和温度与压实温度。

① 按规程测定沥青的黏度,绘制黏温曲线,按表 11 - 1 确定适宜于沥青混合料拌和

及压实的等黏温度。

表 11-1　适宜于沥青混合料拌和及压实的沥青等黏温度

沥青结合料种类	黏度测定方法	适宜于拌和的沥青黏度	适宜于压实的沥青黏度
石油沥青	表观黏度	(0.17 ± 0.02) Pa·S	(0.28 ± 0.03) Pa·S

② 当缺乏沥青黏度测定条件时,试件的拌和与压实温度可按表 11-2 选用,并根据沥青品种和标号做适当调整。针入度小、稠度大的沥青取高值,针入度大、稠度小的沥青取低值,一般取中值。对改性沥青,应根据改性剂的品种和用量,适当提高沥青混合料的拌和及压实温度;对大部分聚合物改性沥青,通常在普通沥青的基础上提高 15～20 ℃,掺加纤维时,尚需再提高 10 ℃左右。

表 11-2　沥青混合料拌和及压实温度参考表

沥青结合料种类	拌和温度/℃	压实温度/℃
石油沥青	140～160	120～150
改性沥青	160～175	140～170

③ 常温沥青混合料的拌和及压实在常温下进行。

(2) 在拌和厂或施工现场采集的沥青混合料制作试样时,试样置于烘箱中加热或保温,在混合料中插入温度计测量温度,待混合料温度符合要求后成型。需要拌和时可倒入已加热的小型沥青混合料拌和机中适当拌和,时间不超过 1 min。但不得在电炉或明火上加热炒拌。

(3) 在实验室人工配制沥青混合料时,试件的制作按下列步骤进行:

① 将各种规格的矿料置于 (105 ± 5) ℃的烘箱中烘干至恒重(一般不少于 4～6 h)。根据需要,粗集料可先用水冲洗干净后烘干。也可将粗集料过筛后用水冲洗再烘干备用。

② 将烘干分级的粗细集料,按每个试件设计级配要求称其质量,在一金属盘中混合均匀,矿粉单独放入小盘里;并置于烘箱中预加热至沥青拌和温度以上约 15 ℃（采用石油沥青时通常为 163 ℃;采用改性沥青时通常需 180 ℃）备用。通常按一组试件（每组 4～6个)一起备料,但进行配合比设计时宜对每个试件分别备料。常温混合料的矿料不需加热。

③ 将脱水过筛的沥青试样,用烘箱加热至规定的沥青混合料拌和温度备用,但不得超过 175 ℃。当不得已采用燃气炉或电炉直接进行加热脱水时,必须使用石棉垫隔开。

11.2.1.4　拌制沥青混合料

(1) 黏稠沥青或煤沥青混合料。

① 用沾有少许黄油的棉纱擦净试模、套筒及击实座等,并将其置于 100 ℃左右烘箱中加热 1 h 后备用。常温沥青混合料用试模不需加热。

② 将沥青混合料拌和机预加热至拌和温度以上 10 ℃左右备用。

③ 将每个试件已经预热的粗细集料置于拌和机中,用小铲子适当混合,然后再加入

所需数量的已加热至拌和温度的沥青(如果已将称量好的沥青放在一专用容器内时,应在倒掉沥青后用一部分准备加入的热矿粉将沾在容器壁上的沥青擦拭后一起倒入拌和锅中),开动拌和机边搅拌边将拌和叶片插入混合料中拌和 1 ~ 1.5 min,然后暂停拌和,加入单独加热的矿粉,继续拌和至均匀为止,并使沥青混合料保持在要求的拌和温度范围内。标准的总拌和时间为3 min。

(2)液体石油沥青混合料。

将每组(或每个)试件的矿料置于已加热至 55 ~ 100 ℃的沥青混合料拌和机中,注入要求数量的液体沥青,并将混合料边加热边拌和,使液体沥青中的溶剂挥发至50% 以下。拌和时间应事先试拌决定。

(3)乳化沥青混合料。

将每个试件的粗细集料置于沥青混合料拌和机(不加热,也可用人工炒拌)中,注入计算的用水量(阴离子乳化沥青不加水)后,拌和均匀并使矿料表面完全湿润,再注入设计的沥青乳液用量,在 1 min 内使混合料拌匀,然后加入矿粉后迅速拌和,至混合料拌成褐色为止。

11.2.1.5　击实成型方法

(1)将拌好的沥青混合料,用小铲适当拌和均匀,称取 1 个试件所需的用量(标准马歇尔试件约 1 200 g,大型马歇尔试件约 4 050 g)。当已知沥青混合料的密度时,可根据试件的标准尺寸计算并乘以 1.03 得到所要求的混合料数量。当 1 次拌和多个试件时,宜将其倒入经预热的金属盘中,用小铲适当拌和均匀分成几份分别取用。在试件制作过程中,为防止混合料温度下降,应将盛料盘放入烘箱中保温。

(2)从烘箱中取出预热的试模及套筒,用沾有少许黄油的棉纱擦拭套筒、底座及击实锤底面,将试模装在底座上,垫 1 张吸油性小的圆形纸,用小铲将混合料铲入试模中,用插刀或大螺丝刀沿周边插捣 15 次,中间 10 次。插捣后将沥青混合料表面整平。对大型击实法试件,混合料应分 2 次加入,每次插捣次数同上。

(3)插入温度计,至混合料中心附近,检查混合料温度。

(4)待混合料温度符合要求的压实温度后,将试模连同底座一起放在击实台上固定,在装好的混合料上面垫 1 张吸油性小的圆纸,再将装有击实锤及导向棒的压实头放入试模中,然后开启电机将击实锤从 457 mm 的高度自由落下击实规定的次数(75 或 50 次)。对于大型试件,击实次数为 75 次(相应于标准击实 50 次的情况)或 112 次(相应于标准击实 75 次的情况)。

(5)试件击实一面后,取下套筒,将试模掉头,装上套筒,然后以同样的方法和次数击实另一面。乳化沥青混合料试件在两面击实后,将一组试件在室温下横向放置24 h;另一组试件置温度为(105 ±5) ℃的烘箱中养生 24 h。将养生试件取出后再立即两面锤击各25 次。

(6)试件击实结束后,立即用镊子取掉上下面的纸,用卡尺量取试件离试模上口的高度并由此计算试件高度。如高度不符合要求时,试件应作废,并按式(11-1)调整混合料质量,以保证高度符合(63.5 ±1.3) mm(标准试件)或(95.3 ±2.5) mm(大型试件)的要求。

$$m = \frac{hm_0}{h_0} \qquad\qquad (11-1)$$

式中　m——调整后混合料的质量,g;

　　　h——要求试件的高度,mm;

　　　m_0——原用混合料的质量,g;

　　　h_0——所得试件的高度,mm。

(7)卸去套筒和底座,将装有试件的试模横向放置冷却至室温后(不少于 12 h),置脱模机上脱出试件。

(8)将试件仔细置于干燥洁净的平面上,供试验用。

11.2.2　轮碾法

11.2.2.1　适用范围

本方法规定了在实验室用轮碾法制作沥青混合料试件的方法,以供进行沥青混合料物理力学性质试验时使用。

轮碾法适用于长 300 mm × 宽 300 mm × 厚 50 ~ 100 mm 板块状试件的成型,由此板块状试件用切割机切制成棱柱体试件,或在实验室用芯样钻机钻取试样,成型试件的密度应符合马歇尔标准击实试样密度(100 ± 1)% 的要求。

沥青混合料试件制作时的试件厚度可根据集料粒径大小及工程需要进行选择。对于集料公称最大粒径小于或等于 19 mm 的沥青混合料,宜采用长 300 mm × 宽 300 mm × 厚 50 mm 的板块试模成型;对于集料公称最大粒径大于或等于 26.5 mm 的沥青混合料,宜采用长 300 mm × 宽 300 mm × 厚 80 ~ 100 mm 的板块试模成型。

11.2.2.2　主要仪器设备

(1)实验室用沥青混合料拌和机:能保证拌和温度并充分拌和均匀,可控制拌和时间,宜采用容量大于 30 L 的大型沥青混合料拌和机。

(2)轮碾成型机:具有与钢筒式压路机相似的圆弧形碾压轮,轮宽 300 mm,压实线荷载为 300 N/cm,碾压行程等于试件长度,经碾压后的板块状试件可达到马歇尔标准击实试样密度(100 ± 1)% 。

(3)试模:由高碳钢或工具钢制成,试模尺寸应保证成型后符合试件尺寸的规定。内部平面尺寸为 300 mm × 300 mm,厚 50 ~ 100 mm。

(4)切割机:实验室用金刚石锯片钻石机(单锯片或双锯片)或现场用路面切割机,有淋水冷却装置,其切割厚度不小于试件厚度。

(5)钻孔取芯机:用电力或汽油机、柴油机驱动,有淋水冷却装置。金刚石钻头的直径根据试件的直径选择(通常为 100 mm,根据需要也可为 150 mm)。钻孔深度不小于试件厚度,钻头转速不小于 1 000 r/min。

(6)可控温大中型烘箱各 1 台。

(7)电子天平:称量 5 kg 以上的,感量不大于 1 g。称量 5 kg 以下时,用于称沥青的,感量不大于 0.1 g;用于称矿料的,感量不大于 0.5 g。

(8)沥青运动黏度测定设备:布洛克菲尔德旋转黏度计、真空减压毛细管 。

（9）小型击实锤：钢制，端部断面 80 mm × 80 mm，厚 10 mm，带手柄，总质量 0.5 kg 左右。

（10）温度计：精度 1 ℃。宜采用有金属插杆的插入式数显温度计，金属插杆的长度不小于 150 mm，量程 0 ～ 300℃。

（11）其他：电炉或煤气炉、沥青熔化锅、拌和铲、标准套筛、滤纸、胶布、卡尺、秒表、粉笔、棉纱等。

11.2.2.3　试验准备工作

（1）按 11.2.1.3 的方法确定制作沥青混合料试件的拌和及压实温度。常温沥青混合料的拌和及压实在常温下进行。

（2）在实验室人工配制沥青混合料时，按 11.2.1.3 的方法准备矿料及沥青，加热备用，常温沥青混合料用矿粉不加热。

（3）将金属试模及小型击实锤等置于 100 ℃ 左右烘箱中加热 1 h 备用。常温沥青混合料用试模不加热。

（4）按 11.2.1.4 的方法拌制沥青混合料，混合料及各种材料用量由 1 块试件的体积按马歇尔标准击实密度乘以 1.03 的系数求算。当采用大容量沥青混合料拌和机时宜全量 1 次拌和，当采用小型混合料拌和机时，可分 2 次拌和。常温沥青混合料的矿料不加热。

11.2.2.4　轮碾成型方法

（1）将预热的试模从烘箱中取出，装上试模框架，在试模中铺 1 张裁好的普通纸（可用报纸），使底面及侧面均被纸隔离，将拌和好的全部沥青混合料用小铲稍加拌和后均匀地沿试模由边至中按顺序转圈装入试模，中部要略高于四周。

（2）取下试模框架，用预热的小型击实锤由边至中转圈夯实 1 遍，整平成凸圆弧形。

（3）插入温度计，待混合料稍冷却至规定的压实温度（为使冷却均匀，试模底下可用垫木支起）时，在表面铺 1 张裁好的普通纸。

（4）当用轮碾机碾压时，宜先将碾压轮预热至 100 ℃ 左右。然后，将盛有沥青混合料的试模置于轮碾机的平台上，轻轻放下碾压轮，调整总荷载为 9 kN。

（5）启动轮碾机，先在一个方向碾压 2 个往返（4 次），卸荷，再抬起碾压轮，将试件调转方向，再加相同荷载碾压至马歇尔标准密度（100 ± 1）% 为止。试件正式压实前，应经试压决定碾压次数。对普通沥青混合料，一般为 12 个往返（24 次）左右可达到要求（试件厚为 50 mm）。如试件厚度为 100 mm 时，宜按先轻后重的原则分 2 层碾压。

（6）压实成型后，揭去表面的纸，用粉笔在试件表面标明碾压方向。

（7）盛有压实试件的试模，置室温下冷却，至少 12 h 后方可脱模。

11.2.2.5　用切割机切制棱柱体试件

（1）按试验要求的试件尺寸，在轮碾成型的板块状试件表面规划切割试件的数目，但边缘 20 mm 部分不得使用。

（2）切割顺序如图 11 - 2 所示，首先在与轮碾法成型垂直的方向，沿 A—A 切割第 1 刀作为基准面，再在垂直的 B—B 方向切割第 2 刀，精确量取试件长度后切割 C—C，使 A—A 及 C—C 切下的部分大致相等。使用金刚石锯片切割时，一定要开放冷却水。

（3）仔细量取试件切割位置，按图顺碾压方向（B—B）切割试件，使试件宽度符合要

135

求。锯下的试件应按顺序放在平玻璃板上排列整齐，然后再切割试件的底面及表面。将切好的试件立即编号，供弯曲试验用的试件应用胶布贴上标记，保持轮碾机成型时的上下位置，直至弯曲试验时上下方向始终保持不变。

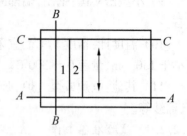

图 11-2　棱柱体试件切割顺序图

（4）将完全切割好的试件放在玻璃板上，试件之间留有 10 mm 以上的间隙，试件下垫 1 层滤纸，并经常挪动位置，使其完全风干。如急需使用，可用电风扇或冷风机吹干，每隔 1～2 h，挪动试件 1 次，使试件加速风干，风干时间宜不少于 24 h。在风干过程中，试件的上下方向及排序不能搞错。

11.2.2.6　用钻芯法钻取圆柱体试件

（1）将轮碾成型机成型的板块状试件脱模，成型的试件厚度应不小于圆柱体试件的厚度。

（2）在试件上方作出取样位置标记，板块状试件边缘部分的 20 mm 内不得使用。根据需要，可选用直径 100 mm 或 150 mm 的金刚石钻头。

（3）将板块状试件置于钻机平台上固定，钻头对准取样位置。

（4）开放冷却水，开动钻机，均匀地钻透试件。为保护钻头，在试件下可垫木板等。

（5）提起钻机，取出试件。按上述方法将试件吹干备用。

（6）根据需要，可再用切割机切去钻芯试件的一端或两端，达到要求的高度，但必须保证端面与试件轴线垂直且保持上下平行。

11.3　密度测定（表干法）

11.3.1　适用范围

本方法适用于测定吸水率不大于 2% 的各种沥青混合料试件。包括密级配沥青混凝土，沥青玛蹄脂碎石混合料（SMA）和沥青稳定碎石等沥青混合料试件的毛体积相对密度和毛体积密度。标准温度为（25±0.5）℃。

11.3.2　主要仪器设备

（1）浸水天平或电子秤：当最大称量在 3 kg 以下时，感量不大于 0.1 g；当最大称量在 3 kg 以上时，感量不大于 0.5 g；应有测量水中重的挂钩。

（2）网篮。

（3）溢流水箱：如图 11-3 所示，使用洁净水，有水位溢流装置，保持试件和网篮浸入水中的水位一定。能调整水温至（25±0.5）℃。

（4）试件悬吊装置：天平下方悬吊网篮及试件的装置，吊线采用不吸水的细尼龙线绳，并有足够长度。对轮碾成型的板块状试件可用铁丝悬挂。

（5）秒表、毛巾、电风扇或烘箱。

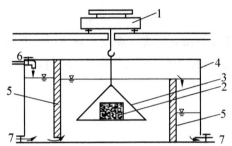

图 11-3 溢流水箱及下挂法水中重称量方法示意图
1—浸水天平;2—试件;3—网篮;4—溢流水箱;
5—水位挡板;6—注入口;7—放水阀门

11.3.3 试验步骤

（1）选择适宜的浸水天平或电子秤,最大称量应不小于试件质量的 1.25 倍。

（2）除去试件表面的浮粒,称取干燥试件的空中质量(m_a),根据选择的天平的感量读数,精确至 0.1 g、0.5 g。

（3）将溢流水箱水温保持在(25 ± 0.5)℃。挂上网篮,浸入溢流水箱中,调节水位,将天平调平或复零,把试件置于网篮中(注意不要晃动水)浸入水中 3 ~ 5 min,称取水中质量(m_w)。若天平读数持续变化,不能很快达到稳定,说明试件吸水较严重,不能用此法测定,应改用蜡封法测定。

（4）从水中取出试件,用洁净柔软的拧干湿毛巾轻轻擦去试件的表面水(不得吸走空隙内的水),称取试件的表干质量(m_f)。从试件拿出水面到擦拭结束不宜超过 5 s,称量过程中流出的水不得再擦拭。

（5）对从路上钻取的非干燥试件可先称取水中质量(m_w),然后用电风扇将试件吹干至恒重(一般不少于 12 h,当不需进行其他试验时,也可用(60 ± 5)℃烘箱烘干至恒重),再称取空中质量(m_a)。

11.3.4 结果计算

（1）计算试件的吸水率,取 1 位小数。

试件的吸水率即试件吸水体积占沥青混合料毛体积的百分率,按式（11-2）计算。

$$S_a = \frac{m_f - m_a}{m_f - m_w} \times 100\% \qquad (11-2)$$

式中　S_a——试件的吸水率,%;

　　　m_a——干燥试件的空中质量,g;

　　　m_w——试件的水中质量,g;

　　　m_f——试件的表干质量,g。

（2）计算试件的毛体积相对密度,取 3 位小数。

当试件的吸水率符合 $S_a < 2\%$ 时,试件的毛体积相对密度 γ_f 按式（11-3）计算,吸水率 $S_a > 2\%$ 时,应改用蜡封法测定。

$$\gamma_f = \frac{m_a}{m_f - m_w} \tag{11-3}$$

（3）按《土木工程材料》中相应公式计算或实测沥青混合料理论最大相对密度 γ_t，再计算混合料其他体积参数指标如试件空隙率 V_V、矿料间隙率 VMA、有效沥青饱和度 VFA 等。

11.4 马歇尔稳定度试验

11.4.1 适用范围

本方法适用于马歇尔稳定度试验和浸水马歇尔稳定度试验，以进行沥青混合料的配合比设计或沥青路面施工质量检验。浸水马歇尔稳定度试验供检验沥青混合料受水损害时抵抗剥落的能力时使用，通过测试其水稳定性检验配合比设计的可行性。

11.4.2 主要仪器设备

（1）沥青混合料马歇尔试验仪：符合国家标准《沥青混合料马歇尔试验仪》（GB/T 11823）技术要求的产品，对用于高速公路和一级公路的沥青混合料宜采用自动马歇尔试验仪，用计算机或 X－Y 记录仪记录荷载-位移曲线，并具有自动测定荷载与试件垂直变形的传感器、位移计，能自动显示或打印试验结果。当集料公称最大粒径小于或等于 26.5 mm 时，宜采用 ϕ101.6 mm ×63.5 mm 的标准马歇尔试件，试验仪最大荷载不小于 25 kN，读数准确度 100N，加载速率应保持（50 ±5）mm/min。钢球直径（16 ±0.05）mm，上下压头曲率半径为（50.8 ±0.08）mm。当集料公称最大粒径大于 26.5 mm 时，宜采用 ϕ152.4 mm ×95.3 mm 大型马歇尔试件，试验仪最大荷载不得小于 50 kN，读数准确度 100 N。上下压头曲率内径为（152.4 ±0.2）mm ，上下压头间距（19.05 ±0.1）mm。

（2）恒温水槽：控制温度准确度为 1 ℃，深度不小于 150 mm。

（3）真空饱水容器：包括真空泵和真空干燥器。

（4）其他：天平，分度为 1 ℃温度计，卡尺，棉纱，黄油等。

11.4.3 标准马歇尔试验方法

（1）按标准击实法（11.2.1）成型马歇尔试件，标准马歇尔试件尺寸应符合直径（101.6 ±0.2）mm、高（63.5 ±1.3）mm 的要求。对大型马歇尔试件，尺寸应符合直径（152.4 ±0.2）mm、高（95.3 ±2.5）mm 的要求。一组试件的数量最少不得少于 4 个，并符合 11.2.1 要求。

（2）测试试件的直径及高度：用卡尺测量试件中部的直径，用马歇尔试件高度测定器或用卡尺在十字对称的 4 个方向量测离试件边缘 10 mm 处的高度，精确至 0.1 mm，并以其平均值作为试件的高度。如试件高度不符合（63.5 ±1.3）mm 或（95.3 ±2.5）mm 的要求或两侧高度差大于 2 mm 时，此试件应作废。

（3）按规程规定的方法测定试件的密度，并计算空隙率、沥青体积百分率、沥青饱和度、矿料间隙率等物理指标。

（4）将恒温水槽调节至要求的试验温度，对黏稠石油沥青或烘箱养生过的乳化沥青混合料为(60 ± 1)℃，对煤沥青混合料为(33.8 ± 1)℃，对空气养生的乳化沥青混合料或液体沥青混合料为(25 ± 1)℃。

（5）将试件置于已经达到规定温度的恒温水槽中恒温 30 ～ 40 min(标准马歇尔试件)、45 ～ 60 min(大型马歇尔试件)。试件之间应有间隔，底下应垫起，离容器底部不小于 5 cm。

（6）将马歇尔试验仪的上下压头放入水槽或烘箱中达到同样温度。将上下压头从水槽或烘箱中取出擦拭干净内面。为使上下压头滑动自如，可在下压头的导棒上涂少量黄油。再将试件取出放置于下压头上，盖上上压头，然后装在加载设备上。

（7）在上压头的球座上放妥钢球，并对准荷载测定装置的压头。

（8）当采用自动马歇尔试验仪时，将自动马歇尔试验仪的压力传感器、位移传感器与计算机或 X － Y 记录仪正确连接，调整好适宜的放大比例。压力和位移传感器调零。

（9）当采用压力环和流值计时，将流值计安装在导棒上，使导向套管轻轻地压住上压头，同时将流值计读数调零。调整压力环中百分表，对零。

（10）启动加载设备，使试件承受荷载、加载速度为(50 ± 5) mm/min。计算机或 X － Y 记录仪自动记录传感器压力和试件变形曲线并将数据自动存入计算机。

（11）当试验荷载达到最大值的瞬间，取下流值计，同时读取压力环中百分表读数及流值计的流值读数。

（12）从恒温水槽中取出试件至测出最大荷载值的时间，不得超过 30 s。

11.4.4　浸水马歇尔试验方法

浸水马歇尔试验方法与标准马歇尔试验方法的不同之处在于，试件在已达到规定温度的恒温水槽中恒温 48 h，其余均与标准马歇尔试验方法相同。

11.4.5　真空饱水马歇尔试验方法

试件先放入真空干燥箱中，关闭进水胶管，开动真空泵，使干燥管的真空度达到 97.3 kPa(730 mmHg)以上，维持 15 min，然后打开进水胶管，靠负压进入冷水流使试件全部浸入水中，浸水 15 min 后恢复常压，取出试件再放入已达规定温度的恒温水槽中恒温 48 h，其余均与标准马歇尔试验方法相同。

11.4.6　结果计算

（1）当采用自动马歇尔试验仪计算试件的稳定度及流值时，将计算机采集的数据绘制成压力和试件变形曲线，或由 X － Y 记录仪自动记录的荷载-变形曲线，按图 11 － 4 所示的方法在切线方向延长曲线与横坐标相交于 O_1，将 O_1 作为修正原点，从 O_1 起量取相应于荷载最大值时的变形作为流值(FL)，以 mm 计，精确至 0.1 mm。最大荷载即为稳定度(MS)，以 kN 计，精确至 0.01 kN。

（2）采用压力环和流值计测定试件的稳定度及流值时，根据压力环标定曲线，将压力环中百分表读数换算为荷载值,或者由荷载测定装置读取的最大值即为试样的稳定度(MS),以 kN 计,准确至 0.01 kN。由流值计及位移传感器测定装置读取的试件垂直变形,即为试件的流值(FL),以 mm 计,精确至 0.1 mm。

（3）试件的马歇尔模数按式（11-4）计算。

$$T = MS/FL \qquad (11-4)$$

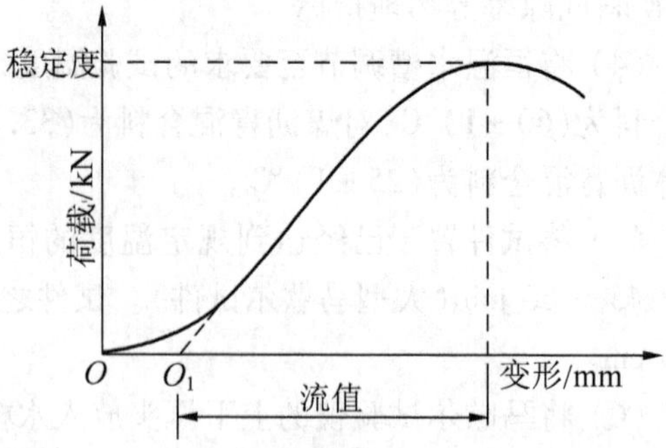

图 11-4　马歇尔试验结果的修正方法

式中　T——试件的马歇尔模数,kN/mm;

MS——试件的稳定度,kN;

FL——试件的流值,mm。

（4）试件的浸水残留稳定度按式（11-5）计算。

$$MS_0 = \frac{MS_1}{MS} \times 100\% \qquad (11-5)$$

式中　MS_0——试件的浸水残留稳定度,%;

MS_1——试件浸水 48 h 后的稳定度,kN。

（5）试件的真空饱水残留稳定度按式（11-6）计算。

$$MS_0' = \frac{MS_2}{MS} \times 100\% \qquad (11-6)$$

式中　MS_0'——试件的真空饱水残留稳定度,%;

MS_2——试件真空饱水后浸水 48 h 后的稳定度,kN。

11.4.7　报告

（1）当一组测定值中某个测定值与平均值之差大于标准差的 k 倍时,该测定值应予舍弃,并以其余测定值的平均值作为试验结果。当试件数目 n 为 3、4、5、6 个时,k 值分别为 1.15、1.45、1.57、1.82。

（2）采用自动马歇尔试验时,试验结果应附上荷载-变形曲线原件或自动打印结果,并报告马歇尔稳定度、流值、马歇尔模数,以及试件尺寸、试件的密度、空隙率、沥青用量、沥青体积百分率、沥青饱和度、矿料间隙率等各项物理指标。

11.5　车辙试验

11.5.1　适用范围

本方法适用于测定沥青混合料的高温抗车辙能力,供沥青混合料配合比设计的高温稳定性检验使用。

车辙试验的试验温度与轮压可根据有关规定和需要选用,非经注明,试验温度为

60 ℃,轮压为 0.7 MPa。根据需要,如在寒冷地区也可采用 45 ℃,在高温条件下采用 70 ℃等,对于重载交通的轮压可增加至 1.4MPa,但应在报告中注明。计算动稳定度的时间原则上为试验开启后 45 ～ 60 min 之间。

本方法适用于用轮碾成型机碾压成型的长 300 mm、宽 300 mm、厚 50 ～ 100 mm 的板块状试件,也适用于现场切割板块状试件。根据需要,也可采用其他尺寸的试件。

11.5.2　主要仪器设备

（1）车辙试验机:示意图如图 11 - 5 所示,主要由以下几部分组成。

①试验台:可牢固地安装两种宽度(300 mm 及 150 mm)的规定尺寸试件的试模。

②试验轮:橡胶制的实心轮胎,外径 200 mm,轮宽 50 mm,橡胶层厚 15 mm。橡胶硬度(国际标准硬度)20 ℃时为 84 ± 4,

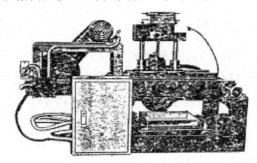

图 11 - 5　车辙试验机

60 ℃时为 78 ± 2。试验轮行走距离为(230 ± 10) mm,往返碾压速度为(42 ± 1)次/min (21 次往返/min)。采用曲柄连杆驱动加载轮往返运行方式。应注意检验轮胎橡胶硬度,不符合要求时应及时更换。

③加载装置:使试验轮与试件的接触压强在 60 ℃时为(0.7 ± 0.05)MPa,施加的总荷重 780 N 左右,根据需要可以调整。

④试模:钢板制成,由底板及侧板组成,试模内侧尺寸长为 300 mm,宽为 300 mm,厚为 50 ～ 100 mm,也可根据需要对厚度进行调整。

⑤变形测量装置:自动检测车辙变形并记录曲线的装置,通常用位移传感器 LVDT 或非接触位移计。位移测量范围 0 ～ 300 mm,精度 ± 0.01 mm。

⑥温度检测装置:自动检测并记录试件表面及恒温室内温度的温度传感器、温度计,精度 0.5 ℃。温度应能自动连续记录。

（2）恒温室:车辙试验机必须整机安放在恒温室内,装有加热器、气流循环装置及自动温度控制设备,同时恒温室还应有至少能保温 3 块试件并进行试验的条件。能保持恒温室温度(60 ± 1)℃(试件内部温度(60 ± 0.5)℃),根据需要亦可为其他需要的温度。

（3）台秤:称量 15 kg,感量不大于 5 g。

11.5.3　试验准备工作

（1）试验轮接地压强测定:测定在 60 ℃时进行,在试验台上放置 1 块 50 mm 厚的钢板,其上铺 1 张毫米方格纸,上铺 1 张新的复写纸,以规定的 700 N 荷载后试验轮静压复写纸,即可在方格纸上印出轮压面积,并由此求接地压强。若压强不符合(0.7 ± 0.05)MPa 时,荷载应予适当调整。

（2）按规程规定用轮碾成型法制车辙试验试件。在实验室或工地制备成型的车辙试件,其标准尺寸为 300 mm × 300 mm × 50 ～ 100 mm(厚度根据需要确定)的试件,也可从路面切割得到需要尺寸的试件。

（3）如需要，将试件脱模按规定的方法测定密度及孔隙率等各项物理指标。

（4）试件成型后，连同试模一起在常温条件下放置的时间不得少于 12 h。对聚合物改性沥青，需充分固化后方可进行车辙试验，放置时间以 48 h 为宜，但室温放置时间不得长于 1 周。

11.5.4 试验步骤

（1）将试件连同试模一起，置于已达到试验温度（60 ± 1）℃的恒温室中，保温不少于 5 h，也不得多于 12 h。在试件的试验轮不行走的部位上，粘贴 1 个热电偶温度计（也可在试件制作时预先将热电偶导线埋入试件一角），控制试件温度稳定在（60 ± 0.5）℃。

（2）将试件连同试模移置于轮辙试验机的试验台上，试验轮在试件的中央部位，其行走方向须与试件碾压或行车方向一致。开动车辙变形自动记录仪，然后启动试验机，使试验轮往返行走，时间约 1 h，或最大变形达到 25 mm 时为止。试验时，记录仪自动记录变形曲线（见图 11 - 6）及试件温度。

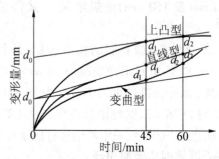

图 11 - 6 混合料车辙变形随时间的变化曲线

11.5.5 结果计算

（1）从图 11 - 6 上读取 45 min（t_1）及 60 min（t_2）时的车辙变形 d_1 及 d_2，精确至 0.01 mm。

当变形过大，在未到 60 min 变形已达 25 mm 时，则以达到 25 mm（d_2）时的时间为 t_2，将其前 15 min 为 t_1，此时的变形量为 d_1。

（2）沥青混合料试件的动稳定度按式（11 - 7）计算。

$$DS = \frac{(t_2 - t_1) \times N}{d_2 - d_1} \times C_1 \times C_2 \qquad (11 - 7)$$

式中　DS——沥青混合料的动稳定度，次/mm；

　　　d_1、d_2——对应于时间 t_1、t_2 时的轮辙变形量，mm；

　　　C_1——试验机类型系数，曲柄连杆驱动加载轮往返运行方式为 1.0；

　　　C_2——试件系数，实验室制备的宽 300 mm 的试件为 1.0；

　　　N——试验轮往返碾压速度，通常为 42 次/min。

（3）同一沥青混合料或同一路段的路面，至少平行试验 3 个试件，当 3 个试件动稳定度变异系数不大于 20% 时，取其平均值作为试验结果。变异系数大于 20% 时应分析原因，并追加试验。如计算动稳定度值大于 6 000 次/mm 时，记作 >6 000 次/mm。

（4）报告应注明试验温度、试验轮接地压强、试件密度、孔隙率及试件制作方法等。

（5）重复性试验动稳定变异系数不大于 20%。

第 12 章　设计性实验与综合性实验

12.1　设计性实验

设计性实验是指给定实验目的要求和实验条件,由学生自行设计实验方案并加以实现的实验。

设计性实验的核心是设计、选择实验方案,并在实验中检验方案的正确性与合理性。教师可根据学生已有的专业理论基础,结合实验室的条件,提出实验项目,由学生自行设计实验方案和组合配套仪器设备,在实验过程中逐步培养学生的创新精神和创新能力。

12.1.1　设计性实验内容

设计性实验的开展应以不损害课内实验内容的完整性为前提。通常课内实验应包括水泥、砂、石、混凝土、砂浆、钢筋、墙体材料、无机结合料、沥青、沥青混合料等实验内容中的 6 项以上。

设计性实验内容可包括下列内容:

(1) 设计混凝土配合比。通过选定骨料最大粒径、混凝土的强度等级和稠度,由学生进行原材料性能测试、混凝土配合比设计、配合比实验验证和调整等。

(2) 设计砂浆配合比。通过选定砂浆种类、砂浆的强度等级和稠度,由学生进行原材料性能测试、砂浆配合比设计、配合比实验验证和调整等。

(3) 设计沥青混合料配合比。通过选定骨料最大粒径、路用性能要求,由学生进行原材料性能测试、配合比设计、配合比设计检验和调整等。

(4) 设计无机结合料配合比。通过选定无机结合料品种、无机结合料的强度要求和所处结构层位以及环境、交通荷载特性,由学生进行原材料性能测试、无机结合料配合比设计(或优化设计)、无机结合料稳定材料性能试验(或性能比较)和调整等。

设计性实验宜单独开设《土木工程材料设计性实验》选修课程,采用不同专题的方式进行教学,由学生自主选择一个专题。每个专题为 16 学时,0.5 学分。

设计性实验以实验小组(每小组人数宜为 3～4 人)的方式进行。每个实验小组的设计任务不同,可给定范围由学生自主选择,也可直接给定题目由学生选择。

各小组分别拟定设计性试验方案,经指导老师审批后,进行原材料性能测试和配合比设计和调整,并以小组为单位进行性能试验。

12.1.2 设计性实验举例

以水泥混凝土配合比设计为例,将每个班分为若干个小组,每个小组 3～4 人。

由学生自主选择混凝土工程类型与部位、设计使用寿命、环境条件;通过查阅资料,选择原材料,确定混凝土性能指标要求;进行混凝土配合比设计和调整、测定混凝土抗压强度和劈拉强度,进行配合比分析(是否符合设计要求,配合比的优化方向等),计算混凝土材料成本。

粗骨料应采用两种不同粒径的石子搭配,粗骨料最大粒径不超过 40 mm;混凝土坍落度取值范围为 140～220 mm,正负偏差 20 mm(如 160～180 mm),强度等级为 C40～C80,耐久性根据工程环境情况选择。

通过上述混凝土配合比设计和实验过程,学生可初步掌握下面 4 个方面的知识:

(1)掌握查阅文献的方法。

(2)掌握耐久性混凝土配合比设计方法、步骤和实验方法。

(3)掌握混凝土配合比调整的方法。

(4)锻炼学生进行数据分析的能力。

12.2 综合性实验

综合性实验是指实验内容涉及本课程的综合知识与相关知识的实验。

综合性实验项目涉及的知识点可涵盖整门课程的知识范围,或跨若干门课程,乃至跨学科的知识范围,因此在实验的内容和时间安排上要注意相互衔接和配合,大部分知识点以学生已掌握的知识为主,需要学生通过自学掌握的知识点应在实验指导书中列明,以保证实验教学效果和质量。

12.2.1 综合性实验课程设置

土木工程材料综合性实验应单独开课,考虑到土木工程材料实验周期较长,且学生课程负担较重,应全天开放实验室,配置足够的设备和实验员,学生分散预约进行实验。

土木工程材料综合性实验课程宜在第五学期或第六学期开设,列入教学计划中实践教学环节,4 学分;也可结合学生课外科研活动进行。

12.2.2 综合性实验内容

根据土木工程材料综合性实验涉及的课程内容,可分为 3 大类:一是基本型综合性实验;二是扩展型综合性实验;三是研究型综合性实验。

基本型综合性实验是指以土木工程材料课程内容为主,结合文献调研和科技论文写作内容的综合性实验,主要锻炼学生进行科学研究的基本方法和步骤。

扩展型综合性实验是在基本型综合性实验的基础上,进一步结合土木工程施工、钢筋混凝土结构、钢结构、组合结构、砌体结构、构件性能无损检测、结构实验等课程内容,主要锻炼学生综合利用相关课程知识的能力。

研究型综合性实验是在基本型或扩展型综合性实验的基础上,针对新型材料和结构进行的综合性实验,主要培养学生的创新能力和科研能力。

实验开始前,按所需实验的内容查阅相关资料,并按科研论文格式撰写综合评述论文。实验方案由学生自行制定,并进行开题报告,参考教师的意见修改并确定实验方案。实验结束后,按科研论文格式撰写研究报告。

12.2.2.1　基本型综合性实验

土木工程材料基本型综合性实验的内容为针对某一种土木工程材料,进行一个和多个因素变化对材料性能(含材料的工作性能、物理性能、力学性能、安全性能、耐久性能以及长期性能等)影响的实验研究,一方面了解和掌握研究的方法和步骤,另一方面对该种材料的性能有较深入的了解。

根据进行实验的土木工程材料种类,可分为传统材料试验、新型材料试验及功能材料试验 3 类。

(1) 传统材料试验:这类材料已经应用多年,学生对其性能有较深入的了解。这类材料包括普通混凝土、普通砂浆、沥青混合料、无机结合料等,其试验内容是某一特定因素变化对其性能的影响。普通混凝土可以进行水灰比对混凝土工作性能、力学性能、耐久性能的影响;养护条件、加压方式、试件尺寸对混凝土强度的影响;混凝土各种强度间的相互关系;强度和耐久性的关系;不同强度等级混凝土的徐变特性研究等。普通砂浆可以进行水灰比、石灰膏掺量、灰砂比等因素对砂浆工作性能、力学性能和耐久性能影响的研究;沥青材料可以进行道路石油沥青、建筑石油沥青、天然湖沥青、岩沥青、聚合物改性沥青、乳化沥青等的国标全套性能试验、SHRP 使用性能分级试验;沥青混合料可以进行不同沥青品种、不同矿料级配、不同集料品种、不同填料、不同成型方式等因素对路用性能的影响。无机结合料稳定材料可以进行无机结合料品种、剂量、粗细集料不同比例、养生环境等对其强度、刚度、收缩等特性的研究。

(2) 新型材料试验:这类材料在国内出现已有若干年,目前在工程上有一定的应用。这类材料包括混凝土外加剂、混凝土掺合料、泵送混凝土、喷射混凝土、碾压混凝土、纤维混凝土、普通预拌砂浆(砌筑和抹面砂浆)、新型墙体材料、新型沥青混合料、新型无机结合料等,其试验内容是某一特定因素变化对其性能的影响或某种材料的全面性能试验。如混凝土外加剂对混凝土性能的影响;掺合料种类和掺量对混凝土性能的影响;泵送混凝土与普通混凝土性能对比分析;砂浆外加剂对普通干拌砂浆性能的影响;干拌砂浆与普通砂浆的性能对比分析;干拌砂浆与新型墙体材料的砌体性能研究;新型墙体材料与红砖的性能对比分析;多级嵌挤密实沥青混凝土与连续级配沥青混凝土的性能对比研究;不同纤维品种对 SMA 混合料性能的影响;粉胶比对沥青混合料高温、低温、疲劳性能的综合研究;抗车辙添加剂与重交沥青、改性沥青混合料高温性能的对比研究;橡胶粉沥青混合料的吸音降噪效果评价;消石灰、水泥、抗剥落剂等抗剥落措施对沥青混合料抗水损害性能的效果研究;再生沥青混合料路用性能研究;不同成型方式(静压成型、振动液化)对无机结合料稳定材料性能的室内评价;无机结合料稳定材料中骨料组成对温缩系数的影响;无机结合料稳定材料中无机结合料最佳剂量的确定;粉煤灰活性对二灰碎石强度刚度的研究等。

（3）功能材料试验：这类材料在工程上应用较多，但由于土木工程材料课时有限，因而只能略讲，这类材料包括防水材料、灌浆材料、补强加固材料、绝热材料、吸声隔声材料、防火材料、防腐材料、装饰材料、新型建筑玻璃等，其试验内容是市场上现有某类材料的性能对比试验。如各种防水卷材的性能对比分析；各种绝热材料的性能对比分析；各种防火材料的性能对比分析；新型建筑玻璃与普通玻璃的性能对比分析；建筑涂料中的有害物质对比分析等。

12.2.2.2 扩展型综合性实验

扩展型综合性实验的内容为针对某一种或多种土木工程材料，进行部分材料性能实验，并利用该种材料在实验室进行小型构件的制作，掌握该种材料的施工过程及施工注意事项，并利用无损探伤设备或微损检验设备对施工质量进行检验，并可进一步对小型构件的物理性能、力学性能、耐久性能及长期性能进行检验，从而使学生掌握从材料到施工和结构的综合知识。根据进行实验的材料种类，可分为钢筋混凝土实验、钢管混凝土实验、预应力钢筋混凝土实验、砂浆与砌体材料实验、钢材与钢结构实验、木材与木结构实验、沥青混合料实验等。

扩展型综合性实验的内容较多，可采用两三个小组协作的方式，试验方案由各小组分别制定，通过讨论择优选用，由各小组分工合作、共同完成实验，通过对实验结果的综合分析，掌握从材料到施工和结构的全面知识。

下面以粉煤灰泵送混凝土实验为例介绍扩展型综合性实验课程的设计。

以小组为单位进行综合性实验设计，每个小组为三四人，由3个小组共同完成从材料性能到施工和结构性能的研究工作。

第1小组调查粉煤灰对混凝土性能的影响，粉煤灰泵送混凝土的原材料性能要求、性能指标及常用配合比。提出需要的原材料种类和数量、设计的混凝土性能要求。

第2小组调查粉煤灰泵送混凝土的适用结构部位，常用的施工和养护方法及要求，粉煤灰泵送混凝土施工质量验收方法。提出实验室成型小型构件的尺寸、需要原材料的种类和数量、施工和养护的方法以及质量验收的方法。

第3小组调查粉煤灰泵送混凝土的适用结构部位，混凝土的性能要求、构件配筋要求以及构件的性能要求。提出实验室成型小型构件的尺寸、需要原材料的种类和数量、混凝土的性能要求以及结构实验的内容和要求。

各小组根据各自的调查结果，撰写综合评述论文。根据上述调查结果，3个小组共同确定需采用的原材料品种和数量、粉煤灰泵送混凝土的工作性能和力学性能要求、实验室成型小型构件的尺寸等内容。在此基础上，各自设计实验方案。

第1小组的实验方案主要关注不同粉煤灰掺量以及不同配合比参数下混凝土工作性能、力学性能、耐久性能和长期性能的变化。

第2小组的实验方案主要关注特定性能要求的粉煤灰泵送混凝土构件的施工和养护方法以及混凝土施工质量评价方法（主要是无损检测）。

第3小组的实验方案主要关注特定性能要求的粉煤灰泵送混凝土构件的设计以及构件力学性能的评价方法。

设计3个典型粉煤灰泵送混凝土配合比，进行材料性能试验和小构件试验。在进行实验时,混凝土配合比的调试、混凝土试件的制备以及构件的制备由 3 个小组共同完成,各小组特有的实验内容(即第 1 小组进行混凝土性能检测、第 2 小组进行混凝土小构件性能无损检测、第 3 小组进行小构件力学性能检测)由相应的小组主要负责,其他小组参与。实验完成后,由各小组根据研究内容分别撰写研究论文。

12.2.2.3　研究型综合性实验

研究型综合性实验的内容可分为两类。

一类是针对某一种新型土木工程材料,进行一个或多个因素变化对材料性能(含材料的工作性能、物理性能、力学性能、安全性能、耐久性能以及长期性能等)影响的实验研究,培养学生的科研能力。这类新型土木工程材料应是刚刚出现的材料,部分材料有少量工程应用,部分材料仍处于实验室阶段,实验的目的是使学生了解学科前沿,锻炼学生进行科学研究的能力。这类材料包括自密实混凝土、高强混凝土、高耐久性混凝土、清水混凝土、再生骨料混凝土、特种干拌砂浆、复合材料筋、高性能沥青混合料、新型建筑功能材料等。

另一类是利用易拉罐、金属细条、木条、纸、线、胶等易成形和制作的材料设计制作一个结构模型(如多层建筑结构、桥梁结构等),并进行静力加载试验。可采用限定材料、不限结构形式的方法和采用不限材料、限定结构形式的方法进行,以培养学生的创新能力。

12.3　科研论文格式

各小组提交的综合评述论文和研究论文均应按科研论文的格式书写。

12.3.1　科研论文的格式

科研论文应符合相应的格式,目前各个期刊均有其相对固定的格式。常用的科研论文格式如下(参考岩土力学杂志投稿格式)。

论文标题:二号黑体加粗,居中

作者:四号楷体加粗,居中

(单位,含班级组别、地址、邮编,小5号宋体,居中)

摘　要(小5宋加粗):(小5宋,行距14磅)

关　键　词(小5宋加粗):内容:小5宋

中图分类号:TU 443(Times New Roman)文献标识码:A

空2行(固定值:12磅)

Title in English(四号Times New Roman加粗)

Author

(Address, Postal code)

Abstract(小5宋加粗):英文摘要和题名要准确规范,作者拼音和作者单位英译名要规范统一。(小5宋,行距14磅)

Key words(同上):soil(同上)。

注:文中所有英文字体均用Times New Roman

空 1 行,行距:单倍行距

1 一级标题 4 号宋体,顶格左排

页面设置为左右页边距为 3.17 cm,上下页边距为 2.54 cm,每页 39 行,每行 39 字。正文一级标题段前段后空 0.5 行。文字为正体,变量、矢量字体倾斜,包括公式、图表。

1.1 二级标题(5 号宋加粗,左齐)

正文为 5 号宋体,首行缩进 2 个字符。

1.1.1 三级标题(5 号宋,左齐)

(1)公式要求。

公式编号右齐,单倍行距,公式变量用斜体,矢量、张量为斜体加黑;三角函数、双曲函数、对数、特殊函数的符号、圆周率 π,自然对数底数 e,虚数单位 i、j,微分符号 d 等均排正体。第一次出现的公式符号需说明,如

$$\sigma_i = \frac{P_i}{\delta_i}\cos\alpha_i \tag{1}$$

式中 α_i——接触面法线与作用力的交角。

(2)表格要求。

表格采用三线表形式,上下线为 1 磅,次线为 0.5 磅,表中字号为小 5 号宋体,中、英文表名字号见表 12-1。物理量应注明国际标准单位、见表 12-2。

表 12-1 中文表名(小 5 号宋体加粗,居中)

Table 12-1 英文表名(小 5 号,居中)

方法	水平位移/mm	最大正弯矩/(kN·m)	最大负弯矩/(kN·m)
等效支撑计算	12.7	918	544
实测	10.6		

表 12-2 初始应力测值与反演应力值的比较(单位:MPa)

Table12-2 Comparison between initial stresses and stresses got in the back analysis (unit: MPa)

实测点号		有剥蚀		无剥蚀	
		实测值	反演值	实测值	反演值
1#	σ_y	-2.940 078	-2.933 090	-2.959 973	-2.959 840
	σ_z	-1.214 175	-1.224 910	-1.113 686	-1.114 050
	τ_{yz}	-0.054 067	-0.038 759	-0.040 554	-0.040 209
2#	σ_y	-2.895 888	-2.902 190	-2.927 690	-2.927 820
	σ_z	-1.329 857	-1.320 570	-1.210 195	-1.209 890
	τ_{yz}	-0.021 250	-0.015 696	-0.016 272	-0.016 137

(3)插图要求。

带坐标的图,一定要注明坐标轴物理量名称和国际标准单位,坐标标值线朝里,变量

名用斜体,单位用正体,分隔符为"/",如应力"σ/MPa"。图中字号为小 5 号宋体,中英、文图表名字号见图 12-1。

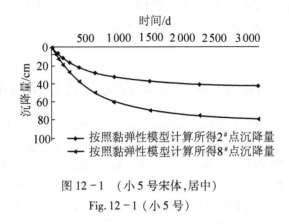

图 12-1　(小 5 号宋体,居中)

Fig.12-1 (小 5 号)

参考文献(上下均空 0.5 行,5 号宋体加粗居中)

参考文献应在正文中标出,并按在文中出现的先后顺序依次编号。

12.3.2　论文摘要的写法

论文摘要首先要能正确全面地掌握论文研究的主题范围,从摘要的四要素(目的——研究、研制、调查等的前提、目的和任务,所涉及的主题范围;方法——所用的原理、理论、条件、对象、材料、工艺、结构、手段、装备、程序等;结果——实验的、研究的结果、数据,被确定的关系,观察结果,得到的效果、性能等;结论——结果的分析、研究、比较、评价、应用,提出的问题等)出发,找出每部分专指度高的关键词,然后正确地组织好这些反映主题内容的关键词,用逻辑性强的关联词将其贯穿起来,力求使摘要简明扼要,逻辑性强,结构完整,这样就构成一篇完整的摘要。

选择关键词是写好摘要的关键,关键词可以根据论文内容自由给定,毫无约束,但是必须简单、常用、概念明确、专指度高(具体),尽量避免使用生僻、复杂的词汇,否则影响论文被检索的概率。

总结国内外各大著名检索系统对摘要写作要求及同行期刊制定的摘要写作规范,一般中文摘要写作应符合以下要求:

(1)摘要以主题概念不遗漏为原则,字数为 300～400 字,或占全篇论文字数的 5%。

(2)不得简单重复论文标题的内容。

(3)要着重反映新内容和作者特别强调的观点,体现论文的特色所在,要排除在本学科领域已成常识的内容。

(4)叙述要完整,清楚,简明扼要,逻辑性要强,结构完整,删去背景与过去的研究信息,不应包含作者将来的计划,杜绝文学性修饰与无用的叙述。

(5)摘要中涉及他人的工作或研究成果的,尽量列出他们的名字。

(6)摘要中不能出现"图××""方程××"和"参考文献××"等句,不用特殊字符及由特殊字符组成的数学表达式,必要时可改用文字表达和叙述。

(7) 用第三人称写,连续写成,不分段落。应采用"对……进行了研究""报告了……现状""进行……调查"等记述方法,不要使用"本文""作者"等作为主语。

(8) 应采用国家颁布的法定计量单位和通用符号。

摘要的示例如下:

光束合金化合成 Fe – Al 系金属间化合物涂层的微观特征

摘要:[目的]为了改善钢铁材料的耐高温腐蚀性能,[过程和方法]用光束合金化方法在 45 钢表面合成了 Fe – Al 金属间化合物涂层. 采用扫描电子显微镜、能量弥散 X 射线分析和 X 射线衍射研究了光束合金化工艺参数(粉末预置量 m 和热输入量 q)对合金化层的化学成分、显微组织及其物相组成的影响.[结果]实验结果表明:减小比能量($E = q/m$)将导致合金化层的熔宽和熔深减小,从而使合金化层含 Fe 量减少,含 Al 量增加;该实验条件下,获得了 Fe 与 Al 原子数比为 2.4～19.2 的合金化层. 由比能量决定的 Fe 与 Al 原子数比是合金化层显微组织及其物相组成的重要影响因素.[结论]降低热输入或增加粉末预置量均可引起合金化层中 Fe 与 Al 原子数比的降低,有助于 Fe – Al 系(Fe$_3$Al 或 FeAl)金属间化合物的合成.

关键词:表面合金化;Fe – Al 金属间化合物;光束合金化涂层;微观组织;物相

12.3.3 参考文献的格式

12.3.3.1 参考文献著录标准

(1) 排列次序:依在正文中被首次引用的先后次序列出各条参考文献。

(2) 具体要求:项目齐全,内容完整,顺序正确,标点无误,并在方括号"[ ]"中注明文献类型标识。

(3) 注意事项:①只有 3 位及 3 位以内作者的,其姓名全部列上,中外作者一律姓前名后;②有 3 位以上作者的,只列前 3 位,其后加",等"或",et al";③外文文献中表示缩写的实心句点"."一律略去;④天生就缺少某一项目时,可将该项连同与其对应的标点符号一起略去;⑤页码不可省略,起止页码间用"-"相隔,不同的引用范围间用","相隔。⑥将非英文(俄、日、中等)参考文献译成英文,另起一行列于原始参考文献之后。

12.3.3.2 参考文献著录范围

参考文献著录范围共 8 类,示例见表 12 – 3。

①已在国内外公开出版的学术期刊上发表的论文[J];②由国内外出版公司或出版社正式出版的学术专著(有 ISBN 号)[M];③有 ISBN 号的会议论文集[C];④学位论文[D];⑤专利文献[P];⑥国际标准、国家标准和部颁标准[S];⑦技术报告[R];⑧电子文献[EB/OL]。其他资料作为正文的随文脚注。

表 12-3　8 类参考文献的著录格式及示例

文献类型	格式示例
期刊论文（共著录 8 项）	<u>1</u>　<u>2</u>　<u>3</u>　<u>4</u>　<u>5</u>　<u>6</u>　<u>7</u>　<u>8</u> [序号] 作者. 题名[J]. 刊名, 出版年份. 卷号（期号）:起页 - 止页. [1]高景德,王祥珩.交流电机的多回路理论[J].清华大学学报,1987.27(1):1-8（完整的） [2]高景德,王祥珩.交流电机的多回路理论[J].清华大学学报,1987(1):1-8.（缺卷的） [3]Chen S,Billing S A,John C F,et al. Practical identification of... models[J]. Int J Control,1990,52(6):1-9.
学术专著（至少著录 7 项）	<u>1</u>　　<u>2</u>　　<u>3</u>　　　<u>4</u>　　　<u>5</u>　　<u>6</u>　　<u>7</u> [序号]　作者.　书名.　版次(首版免注)[M].　翻译者.　出版地:　出版社, <u>8</u>　　<u>9</u> 出版年. 起页 - 止页. [3]竺可桢.物理学[M].北京:科学出版社,1973.1-3. [4]霍夫斯基主编.禽病学:下册.第 7 版[M].胡祥壁等译.北京:农业出版社,1981.7-9. [5]Aho A V,Sethi R,Ullman J D,Compilers principles[M]. New York:Addison Wesley, 1986. 277-308.
有 ISBN 号的论文集（共著录 10 项）	<u>1</u>　<u>2</u>　<u>3</u>　　<u>4</u>　　<u>5</u>　　<u>6</u>　　<u>7</u>　<u>8</u> [序号] 作者. 题名[A]　见:(In:)　主编.(,eds.)　论文集名[C]　出版地:　出版社, <u>9</u>　　<u>10</u> 出版年. 起页 - 止页. [7]张全福,王里青."百家争鸣"与理工科学报编辑工作[A].见:郑福寿主编.学报编论丛:第 2 集[C] [8]Dupont B. Bone marrow transplantation... with an MLC donor [A]. In:White H J, Smith R,eds. Proc of the... Experimental Hermatology[C]. Houston:Int Soc for Experimental Hermatology,1974.44-46.
学位论文（共著录 6 项）	<u>1</u>　<u>2</u>　<u>3</u>　　<u>4</u>　<u>5</u>　<u>6</u> [序号] 作者. 题名[D] 保存地点:保存单位, 年份. [2]张竹生.微分半动力系统的不变集[D].北京:北京大学数学系,1983.
专利文献（共著录 7 项）	<u>1</u>　<u>2</u>　<u>3</u>　　<u>4</u>　　<u>5</u>　<u>6</u>　<u>7</u> [序号] 专利申请者. 题名[P]. 国别, 专利文献种类, 专利号. 出版日期. [6]姜锡洲.一种温热外敷药制备方法[P].中国专利,881056073.1989-07-26.
部级以上技术标准(共著录 8 项)	<u>1</u>　　<u>2</u>　　　<u>3</u>　　　<u>4</u>　　　<u>5</u>　　<u>6</u> [序号]　起草责任者.　标准代号 标准顺序号 - 发布年　标准名称[S].　出版地: <u>7</u>　　<u>8</u> 出版社,出版年. [4]全国文献工作……委员会. GB6447—1986 文摘编写规则[S].北京:中国标准出版社,1986.
技术报告（共著录 6 项）	<u>1</u>　　<u>2</u>　　　<u>3</u>　　<u>4</u>　<u>5</u>　<u>6</u> [序号] 主要责任者. 技术报告题名[R]. 出版地:出版者,出版年. [8]朱诚.美国《工程索引》收录中国科技论文的最新规定[R].大连:大连理工大学图书馆国际期刊咨询室,2001.

续表

文献类型	格 式 示 例
电子文献 （共著录5项）	1　　　2　　　　　3　　　　　　4　　　　　5 ［序号］主要责任者. 电子文献题名［EB/OL］. 电子文献地址. 发表或更新日期/引用日期. ［9］肖朝虎. 2001 年回顾：软件市场主要软件产品［EB/OL］. http://it.263.net/20011225/00358232.html. 2001 - 12 - 25/2001 - 12 - 31.

附录　电子天平的使用方法

1. 根据试验及规范的要求,选择量程和分度值适宜的天平,不得超量程使用天平。

2. 使用前,首先检查天平是否完好;然后将天平放到台面,根据天平上的调平圈,调节天平底部的调平螺丝,使天平水平。

3. 接通电源,打开天平开关,天平进行自检。自检完成后,显示器显示 0(根据天平分度值会有不同的样式,下同)后,预热 5 min 以上方可使用。

4. 天平开启并显示为 0 时,将自带的砝码放到称量台上,检测天平示值是否正确。示值显示不正确的天平禁止使用。

5. 称量物品时,一定要轻拿轻放,避免对天平造成冲击,损坏天平。

6. 对于无腐蚀性的物体或者有包装的物体,可以直接将物品放在称量台上进行称量,待显示器示值稳定后,即可读数。

7. 对于需要用称量器皿称量的物体,可使用"去皮"功能。首先将称量器皿放到称量台上,待显示器显示稳定后,按"TAR"键或者"去皮"键,这时显示器显示为 0。然后将待测物品放入称量皿中,进行称量,显示器示值即为被测物体的质量。

8. 对于在称量皿中进行多种物品称量时,可以多次使用"TAR"键或者"去皮"键,每次显示器示值即为最后一次被测物品的质量。

9. 使用去皮功能时,需要特别注意称量器皿和物体的总质量不能超过天平的量程。

10. 天平使用完毕后,应及时关闭开关,拔掉电源,并将天平擦拭干净,放回原处。

参考文献

[1] 杨茂森,殷凡勤,周明月. 建筑材料质量检测[M]. 北京:中国计划出版社,2000.

[2] 国家质量技术监督局认证与实验室评审管理司. 计量认证/审查认可(验收)评审准则宣贯指南 [M]. 北京:中国计量出版社,2001.

[3] 中国认证认可监督管理委员会. 计量认证和审查认可工作文件汇编[M]. 北京:中国计量出版社, 2006.

[4] 杨正一. 误差理论与测量不确定度[M]. 北京:石油工业出版社,2000.

[5] 柯国军. 建筑材料质量控制监理[M]. 北京:中国建筑工业出版社,2012.

[6] 陈志鹏,王宗纲,聂建国. 土木工程结构试验与检测技术暨结构试验课教学研讨会论文集[M]. 北京:中国建筑工业出版社,2006.

[7] 李忠献. 工程结构试验理论与技术[M]. 天津:天津大学出版社,2004.

[8] GB 175—2007. 通用硅酸盐水泥.

[9] GB/T 208—2014. 水泥密度测定方法.

[10] GB/T 1345—2005. 水泥细度检验方法 筛析法.

[11] GB/T 1346—2011. 水泥标准稠度用水量、凝结时间、安定性检验方法.

[12] GB/T 2419—2005. 水泥胶砂流动度测定方法.

[13] GB/T 8074—2008. 水泥比表面积测定方法(勃氏法).

[14] GB/T 12573—2008. 水泥取样方法.

[15] GB/T 17671—1999. 水泥胶砂强度检验方法(ISO法).

[16] GB/T 14684—2011. 建设用砂.

[17] GB/T 14685—2011. 建设用卵石、碎石.

[18] GB/T 50080—2002. 普通混凝土拌合物性能试验方法标准.

[19] GB/T 50080—2002. 普通混凝土力学性能试验方法标准.

[20] GB/T 50082—2009. 普通混凝土长期性能和耐久性能试验方法.

[21] JGJ/T 70—2009. 建筑砂浆基本性能试验方法.

[22] GB 50003—2001. 砌体结构设计规范.

[23] JGJ/T 223—2010. 预拌砂浆应用技术规程.

[24] GB/T 2542—2012. 砌墙砖试验方法.

[25] GB/T 25183—2010. 砌墙砖抗压强度试验用净浆材料.

[26] GB/T 25044—2010. 砌墙砖抗压强度试样制备设备通用要求.

[27] GB 5101—2003. 烧结普通砖.

[28] GB 11945—1999. 蒸压灰砂砖.

[29] GB 50203—2002. 砌体工程施工质量验收规范.

[30] GB 11968—2006. 蒸压加气混凝土砌块.

[31] GB/T 11969—2008. 蒸压加气混凝土性能试验方法.

[32] GB/T 228.1—2010. 金属材料 拉伸实验 第1部分:室温试验方法.

[33] GB/T 232—2010. 金属材料 弯曲试验方法.

[34] GB 1499.1—2008. 钢筋混凝土用钢第1部分:热轧光圆钢筋.

[35] GB 1499.2—2007. 钢筋混凝土用钢第2部分:热轧带肋钢筋.

［36］GB 50204—2002（2011 修改版）．混凝土结构工程施工质量验收规范．

［37］JTG/T F20—2015．公路路面基层施工技术细则．

［38］JTG E51—2009．公路工程无机结合料稳定材料试验规程．

［39］JTG E20—2011．公路工程沥青与沥青混合料试验规程．

［40］NB/SH/T 0522—2010．道路石油沥青．

［41］GB/T 15180—2010．重交通道路石油沥青．

［42］JTG F40—2004．公路沥青路面施工技术规范．

［43］JTG D50—2006．公路沥青路面设计规范．